Versuch einer morphologischen Analyse der Erbfaktoren der Gartenschnecke

Inaugural-Dissertation

zur Erlangung der Doktorwürde
der Hohen Philosophischen Fakultät
der Universität Leipzig

vorgelegt von

Walther Reichert
Leipzig

Springer-Verlag Berlin Heidelberg GmbH
1928

ISBN 978-3-662-39022-1   ISBN 978-3-662-39993-4 (eBook)
DOI 10.1007/978-3-662-39993-4

Angenommen von der mathematisch-naturwissenschaftlichen Abteilung der Philosophischen Fakultät auf Grund der Gutachten der Herren Meisenheimer und Ruhland.

Leipzig, den 10. Januar 1928.   Z a d e,
                                                 d. Z. Dekan
                                      der mathematisch-naturwissenschaftlichen
                                         Abteilung der Philosophischen Fakultät.

Sonderabdruck aus
„Zeitschrift für Morphologie und Ökologie der Tiere"
Bd. 11, Heft 5.

DIE SCHALENMERKMALE DER GARTENSCHNECKE.

A. Einleitendes.
1. Problemstellung.

Die vorliegende Arbeit versucht, einen Beitrag zur Erforschung der Gesetzmäßigkeiten zu liefern, unter denen die Variation der Schale bei *Cepaea (Tachea) nemoralis* L. und *Cepaea (Tachea) hortensis* MÜLL. erfolgt. Sie geht von der Erkenntnis aus, daß jeder Organismus das Produkt aus Erbanlage und Milieueinwirkung ist. Demzufolge steht zu untersuchen, inwieweit die Variation der Schale bei *Cepaea* durch differente Erbanlagen der einzelnen Individuen bedingt wird, und inwieweit sie bei gleichen Erbanlagen von der jeweiligen, sich unterscheidenden Milieukonstellation abhängt.

Die exakte Ergründung der Erbanlage ist allein mit Hilfe des Zuchtexperimentes möglich. Da sich derartige Zuchtversuche bei der meist erst im vierten Lebensjahre geschlechtsreif werdenden *Cepaea* über einen Zeitraum von wenigstens fünfzehn Jahren auszudehnen hätten, die vorliegende Arbeit aber auf ein bestimmtes Zeitmaß beschränkt war, mußte von Züchtungen abgesehen werden. Dieser Verzicht war angängig, weil bereits experimentelle, erbanalytische Untersuchungen über *Cepaea nemoralis* L. und *Cepaea hortensis* MÜLL. vorliegen, an die die nachfolgenden Erörterungen anknüpfen konnten. Diese Erörterungen sollen zeigen, inwieweit die durch erbkundliche Experimente gewonnenen Gesetzmäßigkeiten ausreichen, das Zustandekommen der individuellen Erscheinungsformen sämtlicher in der Natur auftretenden *Cepaea*-Schalen zu erklären, inwieweit sie zu ergänzen sind oder durch neu zu ergründende ersetzt werden müssen, und welche Bedingungskonstellationen und Zielsetzungen wir bei erneuten erbanalytischen Experimenten zu wählen hätten.

Bevor ich im folgenden in die Behandlung der dargetanen Probleme eintrete, sei es mir gestattet, auch an dieser Stelle meinem verehrten Lehrer, Herrn Prof. Dr. J. MEISENHEIMER, dafür zu danken. daß er mich die für die Arbeit notwendigen Untersuchungen in seinem Institute vornehmen ließ, daß er meine Arbeiten mit stetem Interesse verfolgte und mir allezeit hilfreich und fürsorgend zur Seite stand. Zu Danke bin ich ferner für freundliche Ratschläge vor allem in technischer Hinsicht den Herren Prof. Dr. F. HEMPELMANN und Prof. Dr. E. WAGLER verpflichtet. Auch Herrn Geheimrat Dr. FR. RINNE (Mineralogisches Institut, Leipzig), Herrn Geheimrat Dr. O. WIENER und Herrn Prof. Dr. SCHILLER (Physikalisches Institut, Leipzig), sowie Herrn Prof. Dr. THOMAS und Herrn Dr. FLASCHENTRÄGER (Physiologisch-chemisches Institut, Leipzig) sei für freundliche Unterstützung bei einzelnen Spezialuntersuchungen vielmals gedankt. Ebenso fühle ich mich Herrn Studienrat P. EHRMANN gegenüber dankschuldig, der in mir vor Jahren das Interesse für die Gastropoden zu wecken wußte und mir auch während der Abfassung der vorliegenden Arbeit manche Anregung auf Grund seiner reichen Erfahrung gab.

2. Erbanalytische Experimente.

Erbanalytische Experimente mit *Cepaea nemoralis* L. und *Cepaea hortensis* MÜLL. sind bereits in den letzten Jahrzehnten des vergangenen Jahrhunderts von E. BAUDELOT, C. ARNDT, H. SEIBERT, H. BROCKMEIER, E. SCHUMANN und W. HARTWIG, sowie neuerdings von A. LANG unternommen worden.

Die Untersuchungen, die vor A. LANG angestellt wurden, geben keine Gewähr für wissenschaftliche Genauigkeit. Sie berücksichtigen die Fähigkeit der Cepaeen, einmal aufgenommenes Sperma mehrere Jahre hindurch befruchtungsfähig zu erhalten, infolge Unkenntnis dieser Tatsache noch nicht. Sämtliche Versuchstiere wurden erst im erwachsenen Zustande paarweise isoliert, d. h. sie waren vermutlich schon vor der Isolierung begattet worden. Außerdem ist bei den erwähnten Versuchen unbekannt, ob die Versuchstiere Homozygoten oder Heterozygoten waren.

Erst A. LANGS Zuchtexperimente führten zu einem positiven Ergebnis. LANG stellte die Vererbung der Fünfbänderigkeit und der Bänderlosigkeit fest. Ebenso behauptet er, nachgewiesen zu haben, daß die häufigsten Bänderformeln und die meisten Nuancen der Gehäusegrundfarbe erbliche Merkmale darstellen. Jede genaue Angabe über diese letzten Untersuchungen fehlt.

Weiterhin experimentierte LANG mit albinistischen Cepaeen. Er unterscheidet zwischen allgemeinem und partiellem Albinismus. Im ersten Falle sind die Bänder und die Schalenmündung nicht pigmentiert. Die Bänder erscheinen als hyaline Streifen; die Schalenmündung ist weiß. Im zweiten Falle wechseln entweder pigmenthaltige und pigmentfreie Stellen im Verlaufe eines Bandes miteinander ab, d. h. es entstehen sogenannte Tüpfelbänder, oder albinistische Längslinien innerhalb eines Pigmentbandes spalten diese in zwei oder drei parallele Pigmentlinien. Beide Formen des Albinismus erklärt LANG auf Grund seiner experimentellen Erfahrung für erblich.

Kreuzungsversuche mit gebänderten und ungebänderten Formen, bzw. solchen von roter und gelber Grundfarbe zeigten, daß in diesem Falle die Vererbung dem ersten MENDELschen Gesetze (Spaltung der Gene) folgt. Dabei dominierte Bänderlosigkeit über Bänderung und rote Grundfarbe über gelbe. Ebenso war bei entsprechenden Kreuzungsexperimenten die geringe Zahl der Bänder immer dominant über die höhere. Durch Kreuzung von Formen, die sich in zwei Merkmalspaaren unterscheiden — Bänderung und rote Grundfarbe auf der einen Seite, Bänderlosigkeit und gelbe Grundfarbe auf der anderen Seite — vermochte LANG auch das zweite MENDELsche Gesetz (freie Kombination der Gene) zu bestätigen.

LANG nimmt an, daß die Fähigkeit, rote Gehäusefarbe zu bilden, ein positiver Erbfaktor ist. Fehlt dieser Faktor, so ist die Schnecke gelb gefärbt. Ebenso meint er, daß die Bänderlosigkeit von sogenannten Hemmungsgenen abhängt, deren Vorhandensein die Entwicklung der fünf Bänder verhindert. Fehlen die positiven Hemmungsgene, so ist die Schnecke gebändert.

Nicht immer fand LANG die MENDELschen Gesetze durch seine Experimente einwandfrei bestätigt. Er beobachtete folgende Abweichungen vom reinen MENDELschen Verhalten:

1. Die beiden antagonistischen Merkmalspaare traten bisweilen bereits in der F_1-Generation scharf gesondert auf.

2. Bei der Kreuzung 00000 × $\overline{12\ 345}$, die im allgemeinen F_1-Nachkommen mit der Formel 00 000 ergab, traten in einem Falle neben ungebänderten Formen solche mit fünf blassen Tüpfelbinden auf.

3. Die Kreuzung Gelb × Rot, bei der für gewöhnlich Rot dominierte, lieferte wiederholt in F_1 Tiere, deren apikale Windungen gelb gefärbt waren, während die Grundfarbe der anschließenden Windungen allmählich in Rot überging. LANG deutet diese Erscheinung als Dominanzwechsel.

Kreuzungen normaler Cepaeen mit Individuen, die sich durch allgemeinen Albinismus auszeichneten, bewiesen das recessive Verhalten des allgemeinen Albinismus gegenüber dunkler Pigmentierung.

Die Kreuzung 12345 (Tüpfelbänder) × $\overline{12\ 345}$ ergab unter anderem Individuen mit quergebänderten Gehäusen. Die Tüpfel waren in der Höhe der Schale zusammengeflossen.

B. Untersuchungen.

Jeder Organismus vererbt lediglich Fähigkeiten, die unter bestimmten Verhältnissen eine bestimmte morphologische Erscheinung bedingen. Wir erkennen das Vorhandensein dieser Fähigkeiten am Auftreten spezifischer morphologischer Erscheinungen. Die Ergründung der erblich bedingten Fähigkeiten setzt die Analyse der spezifischen morphologischen Erscheinungen voraus.

In den nachfolgenden Erörterungen wird darum vom Schalenbau und in beschränktem Maße auch von der Schalenbildung und den schalenbildenden Geweben unserer einheimischen Schnecken zu sprechen sein.

1. Material und Methode.

Zur Untersuchung wurden in erster Linie *Cepaea nemoralis* L. und *Cepaea hortensis* MÜLL. verwendet. Außerdem wurden vergleichshalber *Helix pomatia* L., *Arianta arbustorum* L., *Eulota fruticum* MÜLL. und *Buliminus detritus* MÜLL. für Untersuchungszwecke herangezogen. Der größte Teil des zur Untersuchung verwendeten *Cepaea*-Materials war von Herrn Prof. Dr. Wo. OSTWALD in Rhétel an der Aisne (Frankreich) gesammelt und dem Zoologischen Institut der Universität Leipzig freundlichst zur Verfügung gestellt worden. Außerdem untersuchte ich Gehäuse von folgenden Fundorten: Bad Wildungen (Waldeck), Leipzig und Umgebung, Saaletal bei Naumburg und bei Dürrenberg.

Dünnschliffe wurden durch einzelne Teile der Gehäuse, sowie durch vollständige Gehäuse angefertigt. Dabei bewährte sich am besten die folgende Technik: Aus dem Kalkgehäuse, aus dem das Tier zuvor entfernt worden war, wurden mit einer Laubsäge einzelne Stücke herausgesägt, nicht unter 1 cm breit. Diese kamen in 100%-Alkohol, sodann in Xylol und wurden darauf mit mäßig erwärmtem Balsam auf einem kleinen, dicken Objektträger (mineralogisches Format) in der Weise aufgekittet, daß das Schalenstück senkrecht zum Objektträger stand, dabei aber rings von Balsam umgeben war.

Es erwies sich als vorteilhaft, immer nur ein Schalenstück auf einen Objektträger aufzukitten, da im anderen Falle die Schalenstücke während des Schleifens viel leichter zersplitterten. Beim Verflüssigen des Balsams mußte übermäßiges Erhitzen sorgsam vermieden werden, um die Elastizität des Balsams zu erhalten, und um die Struktur der Schale selbst nicht durch hohe Temperaturen zu beeinträchtigen. Namentlich das Schalenpigment wurde bei stärkerem Erhitzen leicht zerstört.

Sollte ein Dünnschliff durch ein ganzes Gehäuse hergestellt werden, so wurde dieses nach Behandlung in 100%-Alkohol und Xylol (s. o.) mit verflüssigtem Balsam ausgegossen und sodann derart auf den Objektträger aufgekittet, daß das Gehäuse rings von Balsam umschlossen war.

Geschliffen wurde mit der Hand in kreisender Bewegung auf einer dicken Mattglasplatte. Als Schleifmittel kamen Paraffinöl, vermengt mit feinstem Kaborund, zur Verwendung. Je dünner der Schliff wurde, um so weniger Kaborund durfte dem Paraffinöl beigemengt werden. Zunächst wurde das aufgekittete Schalenstück bis zur Hälfte angeschliffen, sodann nach vorsichtigem Erwärmen des Balsams vom Objektträger abgelöst, um nunmehr mit der angeschliffenen, glatten Seite in der oben angegebenen Weise von neuem aufgekittet zu werden. Darauf wurde wiederum so lange geschliffen, bis das Schalenstück durchsichtig war, gut polarisierte und die Struktur deutlich zeigte. Die Herstellung eines guten Schliffes nahm oft mehrere Tage in Anspruch.

Besonders dünne Schliffe ließen sich auch durch äußerst vorsichtigen Zusatz von stark verdünnter Salzsäure erzielen. Dabei wurde zunächst ganz in der oben beschriebenen Weise verfahren; wenn das aufgekittete Schalenstück aber nur noch 0,5 mm hoch war, wurde ein Tropfen verdünnter Salzsäure auf den Objektträger gegeben. Da das Schalenstück rings von Balsam eingeschlossen war, konnte die Säure nur an der freien Oberfläche des Schliffes angreifen und dort den Kalk lösen. Auf diese Weise bekam ich erheblich dünne Schliffe, ohne Gefahr zu laufen, daß sie noch zu guter Letzt zersplitterten.

Die Dünnschliffe wurden unterm Mikroskop im gewöhnlichen, sowie im polarisierten Lichte und zwar im parallelen, polarisierten Lichte untersucht. Dieses letzte erwies sich für die Unterscheidung der verschiedenen Kalkschichten, die ein Gehäuse aufbauen, besonders vorteilhaft.

Für die histologischen Untersuchungen kamen vorwiegend *Cepaea hortensis* MÜLL. und *Arianta arbustorum* L., vergleichshalber auch *Helix pomatia* zur Verwendung. Fixiert wurden Teilstücke (Mantelrand, Lungendecke und Eingeweidesack) oder auch ganze Individuen mit ZENKERscher Flüssigkeit, Formol-Alkohol-Eisessig, Sublimatlösung und, wenn es sich ausschließlich darum handelte, das Vorhandensein von Kalk in den Geweben nachzuweisen, mit 70%-Alkohol. Die fixierten Objekte wurden in reines Paraffin eingebettet und mit dem Schlittenmikrotom geschnitten. Zum Teil fertigte ich lückenlose Schnittserien an. Die Schnittdicke schwankte bei den verschiedenen Objekten zwischen 4 und 18 μ. Zur Färbung wurde Hämatoxylin Del. und Eosin (bzw. Orange G) verwendet. Zum Nachweis des Kalkes in den Zellen erwies sich Purpurinfärbung als besonders geeignet.

2. Der makroskopische Bau.

Die Schalen unserer einheimischen Schnecken sind spiralig aufgewunden. Das Gewinde kann flach oder erhoben sein und besteht aus einer größeren oder kleineren Anzahl von Umgängen. Die Umgänge berühren sich äußerlich sichtbar in den „Nähten", Mit der Spitze (dem Wirbel, Scheitel oder Apex) beginnt das Gewinde, erweitert sich allmählich und endet mit der Mündung. Der Durchschnitt der Umgänge, sowie die Form der Mündung ist bei den verschiedenen Arten sehr verschieden. Der Außenrand der Mündung heißt Mundsaum. Der Mundsaum kann erweitert, verdickt oder umgeschlagen sein. Eine zuweilen auftretende, am Rand parallel laufende, wulstartige Verdickung im Innern der Schale heißt Lippe. Der Raum hinter der Lippe wird Gaumen genannt; ihm entspricht an der Außenseite der Schale der Nacken. Im Innern der Schale ist durch das enge Zusammenlegen der Umgänge die sogenannte Spindel entstanden. Die Öffnung

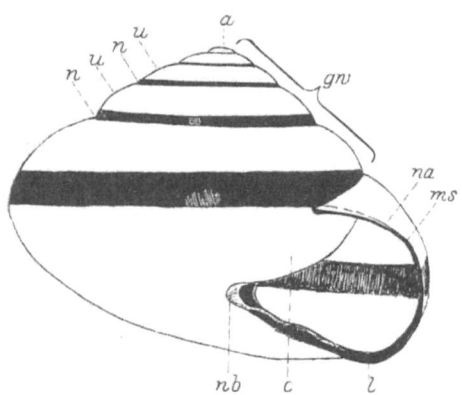

Abb. 1. *Cepaea nemoralis* L. 00300. *a* Apex, *gw* Gewinde, *u* Umgang, *n* Naht, *na* Nacken, *ms* Mundsaum, *l* Lippe, *nb* Nabel, *c* Callus. Vergr. 2½fach.

der Spindel, dicht neben der Mündung gelegen, heißt Nabel. Der Nabel kann perspektivisch, d. h. weit, oder stichförmig, d. h. eng sein. Bei manchen Arten kann der Nabel auch vollkommen verdeckt sein. Die beigegebene Abbildung möge die Verhältnisse im einzelnen demonstrieren (Textabb. 1).

3. Der mikroskopische Bau.

Die Strukturverhältnisse der Schneckenschalen behandeln Untersuchungen, wie sie beispielsweise LEYDIG, NATHUSIUS VON KÖNIGSBORN, DE VILLEPOIX, BIEDERMANN und andere ausgeführt haben.

BIEDERMANN unterscheidet an der Schneckenschale drei Schichten:
1. Die organische Cuticula oder das Periostracum.
2. Die aus Kalk bestehende Stalaktitenschicht oder äußere Blätterschicht.
3. Die ebenfalls aus Kalk bestehende, der Oberfläche des Weichkörpers zugekehrte, innere Blätterschicht.

W. FLÖSSNER beobachtete an Schalenquerschliffen (*Helix pomatia* L.) unter dem Periostracum vier Kalkschichten und nahm demzufolge an, daß die Stalaktitenschicht und die innere Blätterschicht in je zwei getrennte Schichten zerfallen.

Um Einblick in die Strukturverhältnisse der Schneckenschalen zu gewinnen, fertigte ich Dünnschliffe durch alle Schalenteile von *Cepaea nemoralis* L. an und schliff vergleichshalber auch Stücke von *Cepaea hortensis* MÜLL., *Helix pomatia* L., *Arianta arbustorum* L. und *Buliminus detritus* MÜLL.

Sämtliche Dünnschliffe zeigten, daß die Schalen unserer einheimischen Schnecken aus mehreren Kalkschichten aufgebaut werden, denen eine organische Schicht, das Periostracum, aufgelagert ist (Textabb. 4 bis 10).

Die Kalkschichten eines Dünnschliffes besitzen entweder Gitterstruktur oder palisadenartige Struktur (Abb. 1—9; Taf. XV). Die übereinander liegenden Schichten ein und desselben Dünnschliffes haben in wechselnder Reihenfolge Gitterstruktur palisadenartige Struktur, Gitterstruktur, palisadenartige Struktur usw. oder umgekehrt. Besitzt eine Schicht im Längsschnitt Gitterstruktur, so weist dieselbe Schicht im Querschnitt palisadenartige Struktur auf.

Feinzertrümmerte Schalenstücke (zerbrochene Dünnschliffe) lassen bei starker Vergrößerung lamellenartige Balken als elementare, morphologische Bausteine einer Kalkschale erkennen. Diese Balken fügen sich derart zu schmalen Platten zusammen, daß sie mit der Längskante der Platte einen bestimmten Winkel bilden, also innerhalb der Platte schräg verlaufen (Textabb. 2, S. 630). Infolgedessen erscheinen die Platten, von der Breitseite aus betrachtet, in diagonaler Richtung gestreift, wie zertrümmerte Schalenstücke deutlich zeigten. Denkt man sich nunmehr schmale, gestreifte Kalkplatten mit der Breitseite wie Ziegelsteine derart aneinandergereiht, daß die Richtungen der Balken alternieren, so erscheint bei der Durchsichtigkeit der Platten Gitterstruktur, sobald man auf die Breitseite der Platten blickt. Schaut man auf die Schmalseite der aneinandergereihten Platten, so erscheint palisadenartige Struktur. Wir dürfen darum also in Übereinstimmung mit W. FLÖSSNER, der diese Erscheinungen als erster beobachtete, vermuten, daß Schichten mit Gitterstruktur mehrere aneinandergereihte Lagen von Kalkplatten in ihrer Breitseite, Schichten mit palisadenartiger Struktur die Platten in ihrer Schmalseite zeigen.

Diese Annahme beweisen Untersuchungen der Dünnschliffe im polarisierten Lichte. Eine doppelbrechende Platte wird beim Drehen zwischen gekreuzten Nikols jedesmal dunkel, wenn ihre Schwingungsrichtungen mit den Schwingungsrichtungen der gekreuzten Nikols zusammenfallen, d. h. sie löscht bei voller Umdrehung viermal aus.

In einem System eng miteinander verbundener, doppelbrechender Platten beobachten wir beim Drehen zwischen gekreuzten Nikols ebenfalls viermaliges, vollständiges Verlöschen des Untersuchungsobjektes im Gesichtsfeld, wenn die Platten so gelagert sind, daß ihre Schwingungsrichtungen zusammenfallen. Trifft dieser Umstand nicht zu, so unterbleibt ein viermaliges, vollständiges Verlöschen des Untersuchungsobjektes im Gesichtsfeld.

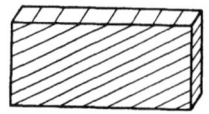
Abb. 2. Schema des Aufbaus einer Kalkplatte.

Bei Drehung zwischen gekreuzten Nikols bleiben die Schichten mit Gitterstruktur stets hell; Schichten mit palisadenartiger Struktur löschen viermal aus. Ebenso löschen isolierte, schräg gestreifte Kalkplatten während des Drehens viermal aus.

Die elementaren, morphologischen Bausteine einer Kalkschicht müssen derart gelagert sein, daß die Schwingungsrichtungen sämtlicher Bausteine innerhalb der einen Schnittebene zusammenfallen, in der zweiten, rechtwinklig zur ersten verlaufenden aber nicht.

Die Schneckenschalen sind aus Aragonit, einem rhombischen Karbonate, $CaCO_3$, aufgebaut. Rhombische Kristalle sind bekanntlich optisch zweiachsig. Sie besitzen in optischer Hinsicht die Symmetrie eines dreiachsigen Ellipsoides, dessen drei ungleich lange, senkrecht aufeinanderstehende Durchmesser mit den drei geometrischen Achsen der rhombischen Kristalle zusammenfallen. Durch jeden rhombischen Kristall lassen sich demnach drei rechtwinklig aufeinanderstehende, optische Symmetrieebenen legen. Ihnen entsprechend, liegen die Auslöschungskreuze auf verschiedenen Flächen.

Liegen die Balken, aus denen sich die Kalkschalen aufbauen, parallel, so laufen in ihnen auch die optischen Symmetrieebenen parallel; entsprechend fallen ihre Schwingungsrichtungen zusammen; die parallel liegenden Balken löschen also gleichzeitig aus. Dieser Umstand trifft bei isolierten Kalkplatten zu.

Anders liegen die Verhältnisse bei Kalkschichten, die aus solchen Platten zusammengesetzt sind. In Übereinstimmung mit der obigen Annahme, daß in parallel aneinandergelagerten Platten einer Schicht zwei Systeme schräg verlaufender Balken alternieren, daß die Balken also nicht mehr parallel laufen, bleiben die Schichten mit Gitterstruktur ständig hell[1].

In scheinbarem Gegensatz zu der obigen Annahme löschen jedoch Schichten mit palisadenartiger Struktur viermal vollständig aus. Obwohl auch in ihnen die Balken nicht parallel gelagert sind, kann dieser Umstand eintreten, wenn die Balken der nebeneinandergelagerten Platten in einem Winkel zueinander geneigt sind, der doppelt so groß ist wie der Winkel, den die Balken mit der Begrenzungslinie ihrer Kalkschichten bilden (Textabb. 3).

Diese Notwendigkeit stimmt mit den Vermutungen überein, die sich auf Grund der Beobachtungen des Objektes im gewöhnlichen Lichte ergaben.

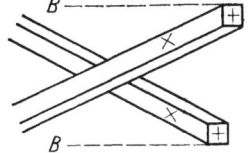

Abb. 3. Gekreuzte Balken mit Auslöschungskreuzen. B = Begrenzungslinie der Kalkschichten.

Mithin bauen sich also die Kalkschichten einer Schneckenschale aus schmalen Kalkplatten auf, in denen zwei Systeme schräg verlaufender Balken alternieren.

Da einer Schicht mit Gitterstruktur im allgemeinen eine palisadenartig strukturierte Schicht aufgelagert ist oder umgekehrt, darf man annehmen, daß die Platten zweier übereinandergelagerter Schichten senkrecht zueinander stehen.

Die Zahl der Kalkschichten, die ein Gehäuse aufbauen, ist verschieden. Schliffe durch den nach außen liegenden Teil des letzten Umganges von *Cepaea nemoralis* L. zeigten im allgemeinen fünf, zuweilen sechs wechselnde Kalkschichten. In Schliffen parallel zu den Anwachsstreifen war meist die nachstehende Schichtenfolge zu beobachten: Periostracum, Kalkschicht mit palisadenartiger Struktur, Kalkschicht mit Gitterstruktur, Kalkschicht mit palisadenartiger Struktur, Kalkschicht mit Gitterstruktur, Kalkschicht mit palisadenartiger Struktur (Textabb. 4). Sofern noch eine sechste Schicht ausgebildet war, zeigte diese Gitterstruktur. Schliffe senkrecht zu den Anwachsstreifen hatten im allgemeinen die umgekehrte Folge der Kalkschichten unter dem Periostracum: Periostracum, Schicht mit Gitterstruktur, palisadenartig

---

[1] Da die isolierten Kalkplatten viermalige Auslöschung zeigen, kann die dauernde Helligkeit der Schichten mit Gitterstruktur nicht durch die Annahme erklärt werden, daß eine optische Achse senkrecht geschnitten worden ist.

strukturierte Schicht, Schicht mit Gitterstruktur, palisadenartig strukturierte Schicht, Schicht mit Gitterstruktur (Textabb. 5). Eine zuweilen auftretende, sechste Schicht war palisadenartig strukturiert.

Manche Schliffe parallel zu den Anwachsstreifen zeigten allerdings

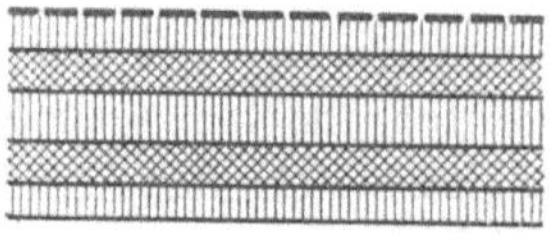

Abb. 4. *Cepaea nemoralis* L. Schema eines Schliffes durch den nach außen gelegenen Teil des letzten Gehäuseumganges, parallel zu den Anwachsstreifen. Vergr. 15fach.

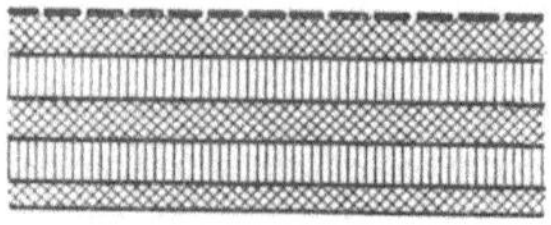

Abb. 5. *Cepaea nemoralis* L. Schema eines Schliffes durch den nach außen gelegenen Teil des letzten Gehäuseumganges, senkrecht zu den Anwachsstreifen. Vergr. 15fach.

Für Textabb. 4—9 gelten folgende Erklärungen: *Gestrichelt*: Periostracum. *Einfach schraffiert*: Kalkschicht mit palisadenartiger Struktur. *Doppelt schraffiert*: Kalkschicht mit Gitterstrukur. *Punktiert*: sekundär angelagerte Kalkschicht.

eine Schichtenfolge, wie sie am häufigsten an Schliffen senkrecht zu den Anwachsstreifen zu beobachten ist, und umgekehrt wiesen zuweilen Schliffe senkrecht zu den Anwachsstreifen eine Schichtenfolge auf, die hauptsächlich nur bei Schliffen parallel zu den Anwachsstreifen vorkommt.

Die Kalkschichten waren in ihrer Mächtigkeit verschieden, unterschieden sich ihrer sonstigen Beschaffenheit nach jedoch kaum irgendwie voneinander.

Entsprechende Dünnschliffe durch den äußeren Teil des letzten Gehäuseumganges von *Helix pomatia* L. wiesen meist vier, zuweilen fünf wechselnde Kalkschichten auf. Auch hier schienen die vier oder fünf Kalkschichten bei individueller Mächtigkeit durchaus gleichwertig zu sein.

Eine Schneckenschale ist nun nicht durchgängig aus der gleichen Anzahl von Kalkschichten aufgebaut, wie die folgenden Befunde beweisen.

Ich schliff Gehäuse von *Cepaea nemoralis* L. parallel zu den Anwachsstreifen durch die Stelle, an der der letzte Gehäuseumgang am vorletzten ansetzt (senkrecht zur Nahtlinie), traf also sowohl den äußeren, oberen Teil des letzten und des vorletzten Umganges, als auch den unteren, inneren Teil des vorletzten Umganges quer (Textabb. 6). Der äußere Teil des letzten Umganges zeigte fünf wechselnde Schichten,

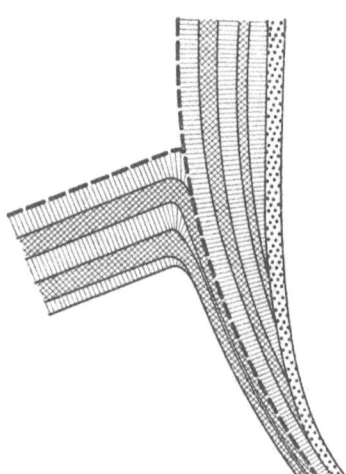

Abb. 6. *Cepaea nemoralis* L. Schema eines Schliffes durch die Berührungszone des letzten und vorletzten Gehäuseumganges; senkrecht zur Nahtlinie. Vergr. 15fach.

mit einer palisadenartig strukturierten Schicht unter dem Periostracum beginnend. An der Ansatzstelle bogen die Schichten etwa in einem Winkel von 90⁰ um und verschmälerten sich außerordentlich. Die erste und die letzte Schicht schwanden ganz, so daß nur noch drei wechselnde Schichten — eine Schicht mit Gitterstruktur, eine palisadenartig strukturierte Schicht und wieder eine solche mit Gitterstruktur — vorhanden waren, die dem Periostracum des unteren und damit inneren Teiles des vorletzten Gehäuseumganges direkt auflagen. Der äußere obere Teil des vorletzten Umganges zeigte sechs wechselnde Schichten, unter dem Periostracum mit einer palisadenartig strukturierten Schicht beginnend. Die zweite bis fünfte Schicht spitzten sich allerdings einseitig immer mehr zu und hörten schließlich ganz auf. Zu oberst schwand die fünfte Schicht, dann folgten die vierte, die dritte und die zweite. Im unteren Teile des vorletzten Umganges war also von den fünf obersten Schichten nur noch die erste vertreten. An dieses sich nach unten mehr und mehr verschmälernde und an Schichten ärmer werdende Schalenstück legte sich nun die sechste Schicht, eine solche mit Gitterstruktur (in der Abbildung punktiert gezeichnet!) an. Sie zeigte durchgängig die gleiche Mächtigkeit. Dieser Befund läßt vermuten, daß diese sechste Schicht nicht gleichzeitig mit den fünf ersten Schichten, sondern erst in einer späteren Bauperiode angelegt worden ist. Um die Richtigkeit dieser Vermutung nachzuprüfen, schliff ich durch den letzten Umgang der Schale eines noch nicht erwachsenen Tieres. Dieser letzte Umgang der Juvenalisform entsprach dem vorletzten Gehäuseumgang eines erwachsenen Tieres. Schon makroskopisch zeichnen sich die unteren Teile der Umgänge an Gehäusen nicht erwachsener Tiere im allgemeinen durch größere Durchsichtigkeit und Zerbrechlichkeit vor den oberen Teilen aus. Der Schliff (Textabb. 7) zeigte fünf wechselnde Schichten, die mit einer palisadenartig strukturierten Schicht unter dem Periostracum begannen, und von denen die zweite bis fünfte Schicht in der beschriebenen Weise sich allmählich zuspitzten und schließlich nacheinander schwanden. Daraus kann man mit zwingender Notwendigkeit schließen, daß eine sechste Schicht des vorletzten Umganges erst dann angelegt wird, wenn das Tier den letzten Umgang baut. Die Kalkabscheidung erfolgt also nicht nur an den Stellen, wo ein neues Schalenstück gebildet wird, sondern in geringem Maße während jeder einzelnen Periode des Schalenwachstums auch am ganzen übrigen Gehäuse. Es ist anzunehmen, daß sogar nach Abschluß des

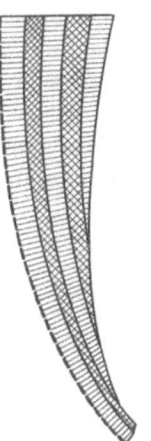

Abb. 7. *Cepaea nemoralis* L. Schema eines Schliffes durch den letzten Gehäuseumgang einer Juvenalisform, dem vorletzten Gehäuseumgang einer erwachsenen Form entsprechend parallel zu den Anwachsstreifen. Vergr. 15 fach.

Gehäusebaues die Kalkabsonderung in bescheidenem Maße noch andauert und so zu einer allmählichen Verdickung der Schale beiträgt, sicher namentlich dann, wenn infolge eines Schalendefektes erneut eine erhebliche Kalkabsonderung angeregt worden ist.

Aus der Beschaffenheit der beiden eben beschriebenen Schliffe (Textabb. 6 und 7) ergibt sich weiterhin für den Aufbau der Schale das folgende: Ein Gehäuseumgang weist in seinen nach außen gelegenen Teilen mehr Schichten und meist auch solche von größerer Mächtigkeit auf, als in dem im Schaleninnern liegenden Teile. Die nach außen gelegenen Teile eines Gehäuses müssen das Tier vor Trockenheit willkürlicher Verletzung und direkter Bestrahlung schützen und infolgedessen besonders mächtig sein. Dem im Innern gelegenen Teile liegt eine solche Aufgabe nicht ob; er kann deshalb weniger mächtig sein, zumal dadurch die Last des ganzen Gehäuses nicht unnötig erhöht wird.

Eine andersartige Schichtenzusammensetzung als bisher findet sich am Apex der Schneckenschale. In der Textabb. 8 ist ein Schema wiedergegeben, das aus den Befunden an mehreren Schliffen durch den Apex von *Cepaea*-Gehäusen zusammengestellt wurde und die Strukturverhältnisse am Apex zeigt. In der frühesten Jugend dürfte die Schnecke im allgemeinen zwei bis drei wenig mächtige, wechselnde Kalkschichten bauen,

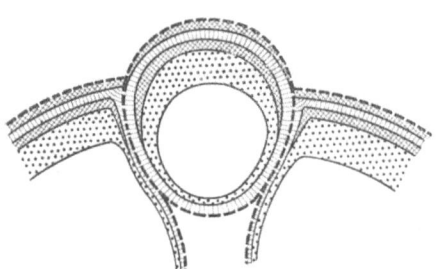

Abb. 8. *Cepaea nemoralis* L. Schema eines Schliffes durch den Apex, parallel zu den Anwachsstreifen. Vergr. 15 fach.

während die außerordentlich mächtige, unterste Schicht (in der Abbildung punktiert!) erst im Laufe der weiteren Entwicklung des Tieres abgeschieden wird. Denn es ist nach den natürlichen Befunden unmöglich, daß das winzige, dem Ei entschlüpfte Tierchen sofort eine Schale baut, deren Mächtigkeit der Stärke des letzten Gehäuseumganges eines voll erwachsenen Tieres entspricht. Die Beobachtungen in der Natur zeigen uns, daß die Schalen der sich zum Überwintern anschickenden, einjährigen Juvenalisformen immer dünner und zerbrechlicher sind, als die der erwachsenen Tiere. Im abgebildeten Schema (Textabb. 8) beginnt unter dem Periostracum eine Schicht mit Gitterstruktur, ihr folgt eine palisadenartig strukturierte Schicht und dieser eine Schicht mit Gitterstruktur. Die mächtige, sekundär gebildete Schicht besitzt im vorliegenden Beispiel palisadenartige Struktur.

Schließlich hat auch der Lippenwulst einen von den bisherigen Befunden abweichenden Bau. Ein Schliff senkrecht zu den Anwachsstreifen (Textabb. 9) und somit auch senkrecht zum Lippenwulst zeigte vier wechselnde Schichten, von denen die vierte vor dem Wulst aufhörte, die zweite aber im Wulst selbst außerordentlich an Mächtigkeit zunahm. Die erste und dritte Schicht blieben gleich mächtig und liefen bis zum Lippenrand, der Spitze des Schliffs, ohne sich dort zu vereinigen. Das Periostracum bog an der Spitze etwas um. Ein Schliff parallel zu den Anwachsstreifen, also im Verlaufe des Wulstes bestätigte diese Beobachtungen. Er zeigte drei wechselnde Schichten, von denen die mittelste die beiden anderen bei weitem an Mächtigkeit übertraf.

Haben wir so an der Hand von Querschliffen durch Schalenstücke im einzelnen einen hinreichenden Einblick in die Strukturverhältnisse der Gastropodenschale gewonnen, so möge uns nunmehr das Schema eines idealen Durchschnitts durch ein *Cepaea*-Gehäuse einen Überblick über die Strukturverhältnisse im Rahmen des Ganzen geben.

Dem Schema (Taf. XVII) wurde jener Schalentypus zugrunde gelegt, der, parallel zu den Anwachsstreifen geschliffen, unter dem Periostracum eine Schicht mit Gitterstruktur aufweist. Der Aufbau eines solchen Gehäuses vollzog sich etwa folgendermaßen: Der obere, nach außen liegende Teil des Apex (1) wurde dreischichtig angelegt.

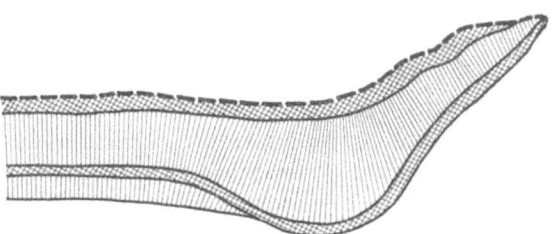

Abb. 9. *Cepaea nemoralis* L. Schema eines Schliffes durch die Lippe, senkrecht zu den Anwachsstreifen. Vergr. 15 fach.

Im unteren, inneren Teile blieb von diesen drei Schichten nur die zweite erhalten. Während einer späteren Bauperiode wurde eine vierte Schicht (in der Abbildung gelb!) abgeschieden, die sich im oberen Teile der dritten Schicht anlegte, im unteren aber mit der zweiten Schicht zu einer Kalklage verschmolz, da sowohl die zweite, wie die sekundär gebildete Schicht palisadenartige Struktur besitzen. Umgangsstück 2 und 3 wurden in dem nach außen liegenden Teile dreischichtig angelegt. Im unteren, inneren Teile schwand die dritte Schicht, in der Spindel die erste Schicht. In dem Teile des Umganges, der dem Apex anliegt, erhielt sich durchgängig nur die zweite Schicht. Sekundär wurde der Umgang während einer weiteren Bauperiode ebenso wie der Apex gleichmäßig von einer vierten Schicht (in der Abbildung gelb!) ausgekleidet, die in den inneren Teilen ebenfalls wie beim Apex mit der zweiten Schicht infolge gleichartiger Struktur zu einer Kalklage verschmolz. Umgangsstück 4 und 5 wurde in der gleichen Weise wie Umgangsstück 2 und 3 angelegt; nur daß hier in der Spindel auch noch die erste Schicht erhalten blieb; ebenso in dem Teile des Umganges, der dem Umgangsstück 2 und 3 anliegt. Nach Umgangsstück 6 zu, dem vorletzten Schalenumgange, vermehrten sich die ursprünglichen drei Schichten auf fünf. Im oberen, nach außen liegenden Teile des Umgangsstückes 6 wurden also zunächst fünf Schichten angelegt. Im ganzen inneren Teile blieben nur die erste und die zweite Schicht erhalten. Sekundär wurde auch dieses Umgangsstück von derselben palisadenartig strukturierten Kalkschicht (in der Abbildung gelb!) gleichmäßig ausgekleidet, die bereits in den oberen Umgängen und am Apex aufgetreten war, und die in dem nach innen gelegenen Teile des Umgangsstückes 6 mit der zweiten Kalkschicht infolge der gleichartigen Struktur zu einer Kalklage verschmolz. Umgangsstück 7 baute sich im Grunde in der gleichen Weise auf; nur daß hier einmal auch im unteren Teile des Umganges, der diesmal ebenfalls nach außen liegt, die fünf zunächst angelegten Schichten gleichmäßig erhalten blieben, und daß zweitens zu den die Spindel bildenden Schichten noch die dritte Schicht vollständig und die vierte wohl in den unteren Partien hinzutraten. Außerdem erfolgte die sekundäre Auskleidung durch eine weitere, palisadenartig strukturierte Schicht (in der Abbildung gelb!) nicht mehr vollständig. Eine solche sekundär gebildete, nur noch wenig mächtige Schicht wurde lediglich in den nach außen liegenden Teilen des Umgangs und der Spindel bis zu einer gewissen Höhe angelagert. Umgangsstück 8 wurde aus fünf Schichten aufgebaut. Von diesen fünf Schichten blieben in der Spindel die ersten vier, in dem Teile des Umganges, der dem Umgangsstück 6 anliegt, die ersten zwei Schichten erhalten.

Die Ergebnisse der vorangegangenen Untersuchungen über die Struktur der Schneckenschale lassen sich in die folgenden Sätze zusammenfassen:

1. Eine Schneckenschale setzt sich aus einer sehr dünnen, organischen Schicht, dem aus gelbem Conchyolin bestehenden Periostracum und auch mehreren Kalkschichten zusammen.

2. Die Kalkschichten sind bei individueller Mächtigkeit untereinander vollkommen gleichwertig. Sie unterscheiden sich nur durch die Lage der sie aufbauenden Kalkplatten, die in zwei übereinanderliegenden Schichten senkrecht zueinander stehen. Querschliffe zeigen darum Platten der einen Seite in ihrer Schmalseite, die der anderen in ihrer Breitseite.

3. Die Kalkplatten setzen sich aus lamellenartigen Balken zusammen, und zwar alternieren zwei Systeme schräg verlaufender Balken in den aneinandergelagerten Platten. Darum haben die Schichten Gitterstruktur, wenn sie die Kalkplatten in der Breitseite zeigen, palisadenartige Struktur, wenn die Schmalseite sichtbar ist.

4. Es ist individuell verschieden, ob unter dem Periostracum eine Schicht mit Gitterstruktur oder eine palisadenartig strukturierte Schicht beginnt.

5. Die Zahl der Schichten ist individuell verschieden. Sie ist auch für die einzelnen Teilstücke eines Gehäuses nicht gleich. Nach außen gelegene Schalenstücke weisen mehr Schichten auf, als solche, die im Innern der Schale liegen.

6. Die Kalkabscheidung erfolgt nicht nur an den Stellen, an denen ein neues Schalenstück gebildet wird, sondern in geringerem Maße während jeder einzelnen Periode des Schalenwachstums auch im ganzen übrigen Gehäuse. Auf diese Weise entsteht eine sekundäre Verdickung der Schale (in den Abbildungen punktiert gezeichnete Schicht!).

Hieraus folgt:

Die voranstehenden Untersuchungsergebnisse widersprechen den Anschauungen BIEDERMANNs und FLÖSSNERs insofern, als sie die Einteilung der ein Gehäuse aufbauenden Kalkschichten in eine Stalaktitenschicht und eine innere Blätterschicht — (von denen jede Schicht nach FLÖSSNER wiederum zwei getrennte Kalkschichten, eine solche mit Gitterstruktur und eine palisadenartig strukturierte Schicht oder umgekehrt umfaßt) — verneinen, da sich nachweisen ließ, daß sich eine Schneckenschale aus einer variablen Zahl gleichwertiger Kalkschichten aufbaut.

Die voranstehenden Untersuchungsergebnisse stimmen mit den Anschauungen FLÖSSNERs über den mikroskopischen Aufbau der einzelnen Kalkschichten überein.

4. Die Schalenbildung und die schalenbildenden Gewebe.

An die Befunde über die Struktur der Schneckenschale schließen wir Betrachtungen über den Prozeß der Schalenbildung und das schalenbildende Gewebe an. Dabei kann es sich nicht darum handeln, eine erschöpfende Darstellung der schwierigen, umstrittenen, physiologischen Probleme der Schalenbildung zu geben.

Hinlänglich bekannt ist, daß die Zuwachsstreifen der Schneckenschale zuvörderst nur aus organischem Periostracum bestehen, das in der Mantelrinne oder Mantelfalte gebildet wird. Das Periostracum ist ein weiches Häutchen, an das nach und nach Kalk angelagert wird.

Woher kommt dieser Kalk? Nach W. BIEDERMANN kommen für die Bildung der Kalkschichten lange, drüsige Epithelzellen an der Mantelrinne und das „dahinter gelegene Mantelepithel" in Betracht. Durch Ausfällen des Kalkes aus einem Sekret, das die genannten Epithelzellen liefern, entstehen die festen Kalkgebilde, die die Schichten zusammensetzen. Die sezernierenden Epithelzellen wieder stehen zweifellos mit der Körperflüssigkeit in Verbindung, aus der sie ihren Kalkbedarf decken. Ungewiß bleibt, auf welche Weise die Körperflüssigkeit den abgegebenen Kalk ergänzt.

Bekannt sind kalkspeichernde Zellen aus der sogenannten Schneckenleber, die mit der Körperflüssigkeit in Verbindung stehen und nach dem von BARFURTH erbrachten Nachweis den Kalk zur Bildung des Epiphragmas der Weinbergschnecke liefern. Ob dieser in der Leber gespeicherte Kalk auch für den Aufbau der Schale in Betracht kommt, steht nicht mit Sicherheit fest. Aber selbst wenn man diese Tatsache als zutreffend annimmt, ist zu bedenken, daß der Kalk der Leber den Kalkbedarf für den Schalenbau allein nicht zu decken vermag.

G. CHR. HIRSCH hat bei den marinen Prosobranchiern *Murex brandaris* und *Natica millepunctata* kalkspeichernde Zellen im Bindegewebe des ganzen Körpers und in der Mitteldarmdrüse nachgewiesen, die den Kalk für den Schalenbau liefern. Es handelt sich um sogenannte Bindesubstanzzellen, wie sie LEYDIG zum ersten Male beschrieben hat. ,,BIEDERMANN und MORITZ haben bei *Helix* eine Glycogen- und Fettspeicherung in diesen Zellen beobachtet."

An frisch gesammeltem Material von *Cepaea hortensis* MÜLL., *Arianta arbustorum* L. und *Helix pomatia* L. konnte ich eben solche Bindesubstanzzellen feststellen, in denen Kalk gespeichert war. Sie lagen einzeln verstreut im Gewebe der Lungendecke und bildeten zusammenhängendes Speichergewebe unter dem Epithel des Eingeweidesackes auf der Oberseite der Umgänge. Abb. 10, Taf. XV stellt einen Schnitt durch den Eingeweidesack von *Cepaea hortensis* MÜLL. in zehnfacher Vergrößerung dar. Die Partien des kalkspeichernden Gewebes sind, der Leber und Zwitterdrüse aufgelagert, an der Oberseite der Umgänge deutlich sichtbar. Schon makroskopisch ist dieses kalkspeichernde Gewebe leicht zu erkennen. Wenn das Gewebe vorhanden ist — was durchaus nicht immer der Fall zu sein braucht[1] — erscheinen die oberen Partien der Eingeweidesackumgänge hellgelblichweiß, während die unteren Partien, bei denen die Leber durchschimmert, dunkelbraun gefärbt sind (Abb. 11, Taf. XV).

Abb. 12, Taf. XV gibt einen Überblick über die Lage der kalkhaltigen Zellen im Gewebe der Lungendecke von *Arianta arbustorum* L. Auffällig ist, daß die Zellen durchgängig dem Epithel genähert liegen, das die Atemhöhle auskleidet. Eine kalkhaltige Zelle ist beim vorliegenden Objekt weiter ins Innere des Organismus verlagert, befindet sich aber in der Nähe der Atemhöhle, eine Erscheinung, die ich öfter beobachtet habe.

Die Kalkzellen aus dem Speichergewebe des Eingeweidesackes stimmen in ihrer Beschaffenheit durchaus mit den vereinzelt liegenden Zellen der Lungendecke überein. Beide besitzen rundliche oder auch mehr

---

[1] Wurden Schnecken längere Zeit im Terrarium gehalten, so schwanden die kalkspeichernden Zellen nach und nach völlig. Zuletzt war nicht eine einzige Kalkzelle mehr im Gewebe der Lungendecke unter dem Eingeweidesackepithel nachweisbar.

ovale Gestalt von verschiedener Größe. Die Zellwände, denen zuweilen die Kerne anliegen, sind deutlich sichtbar. Die Kerne sind rund bis oval, nicht eben sehr groß. Der Zellinnenraum ist mit kleinen, runden Kalkkörnchen prall gefüllt, die sich mit Purpurin dunkelrot färben. Abb. 13 zeigt ein Stück aus dem Speichergewebe des Eingeweidesackes einer *Cepaea hortensis* MÜLL. stark vergrößert. Unter dem Eingeweidesackepithel liegt eine Schicht sich kreuzender, langgestreckter Muskelfasern, an die sich das kalkspeichernde Gewebe anlegt. Ein Stück aus der Lungendecke eines entkalkten Tieres (*Arianta arbustorum* L.) ist in Abb. 14, Taf. XV stark vergrößert dargestellt. Die kalkspeichernden Zellen (ka) haben dasselbe Aussehen wie die Kalkzellen in Abb. 13, Taf. XV, nur daß ihnen im vorliegenden Falle die Kalkkörnchen fehlen. Der mit Hämatoxylin Del. gefärbte Schnitt zeigt die Kalkzellen in blaßblauer Tönung.

Die mikrochemische Prüfung des Zellinhaltes auf $CaCO_3$ und $Ca_3(PO_4)_2$ fiel zugunsten von $CaCO_3$ aus [1]. Bei Zusatz von Silbernitrat ($AgNO_3$) entstand zunächst ein deutlich erkennbarer, blaßgelber Niederschlag in den Zellen, während der Niederschlag hätte leuchtend gelb sein müssen, falls $Ca_3(PO_4)_2$ vorhanden war. In Gegenwart von Eiweiß tritt allerdings in beiden Fällen sehr bald eine tiefe Schwarzfärbung ein.

Um sicher zu gehen, daß die kalkspeichernden Zellen Bindesubstanzzellen im Sinne LEYDIGS und nicht etwa Drüsenzellen sind, stellte ich Schnittserien durch die Lungendecke und den Eingeweidesack von *Cepaea hortensis* MÜLL., *Arianta arbustorum* L. und *Helix pomatia* L. her und prüfte, ob Drüsenausfuhrgänge vorhanden waren.

Das Resultat meiner Untersuchungen war, abgesehen von wenigen sehr zweifelhaften Befunden positiver Art, durchaus negativ. Ein einziges Mal beobachtete ich allerdings deutlich in der Lungendecke von *Cepaea hortensis* MÜLL. eine Zelle, die sich durch das Epithel hindurch nach außen öffnete. Da das Objekt mit ZENKERscher Flüssigkeit fixiert worden war, die Kalkkörnchen also in der Zelle nicht mehr nachweisbar sind, wage ich nicht mit Sicherheit zu entscheiden, ob es sich im vorliegenden Falle wirklich um eine kalkhaltige Zelle handelt oder nicht. Mehr als zweifelhaft muß der mitgeteilte Ausnahmefall in Hinblick auf die sonstigen, oben erörterten Befunde in der Lungendecke erscheinen. Denn wie an Hand der Abb. 12 und 14 gezeigt wurde, liegen die Bindesubstanzzellen in der Lungendecke durchgängig dem Epithel genähert, das die Atemhöhle auskleidet. Diese Tatsache macht es wenig glaubhaft, daß die kalkspeichernden Zellen nach der Schalenseite zu ausmünden könnten. Vollends unwahrscheinlich aber wird diese Möglichkeit, wenn

---

[1] Einen Hinweis auf $CaCO_3$ gab schon die folgende Beobachtung: Fixierte ich Tiere mit Formolalkoholeisessig oder ZENKER, so stiegen lebhaft Gasbläschen aus den Geweben empor, in denen der Kalk gespeichert war.

wir bedenken, daß kalkspeichernde Zellen weiter ins Innere des Organismus verlagert sein können, wie Abb. 12, Taf. XV für einen Fall zeigt.

So darf wohl das negative Ergebnis, das die Untersuchung auf Kalkdrüsen zeitigte, als durchaus zutreffend angenommen werden. Mithin haben wir die kalkspeichernden Zellen zweifellos als LEYDIGsche Zellen, sogenannte Bindesubstanzzellen, anzusprechen. Mit dieser Annahme fällt die Möglichkeit einer direkten Kalbabsonderung der einzelnen kalkspeichernden Zellen, bzw. des ganzen Gewebes. Der Kalk kann einzig und allein in gelöstem Zustande mit der Körperflüssigkeit zu den sezernierenden Epithelzellen gelangen.

W. BIEDERMANN nimmt an, daß die langen, drüsigen Epithelzellen am Mantelspalt die äußeren Kalklagen, das dahinter gelegene Mantelepithel aber die inneren Kalkschichten und das Pigment für die Schalenfärbung liefern. Trifft diese Annahme zu, müßten durchgängig etwa die 3. bis 5. Schicht pigmentiert, die beiden ersten aber ausnahmslos pigmentfrei sein. Wie später mitgeteilte Untersuchungen zeigen werden, enthalten aber bei *Cepaea* ausschließlich die zwei ersten Kalkschichten das Pigment der Bänderung, während die inneren Schichten pigmentfrei sind.

W. BIEDERMANN weist unter Bezugnahme auf LEYDIG darauf hin, daß man „die Bedeutung des hinter dem Randwulst gelegenen Mantelepithels für die Färbung der Schale" an der dunkelgebänderten *Cepaea nemoralis* L. sehr gut erkennen kann. „Hier sieht man die Bänderzeichnung an der Oberfläche des Mantels nach Wegbrechen der Schale sehr deutlich vorgezeichnet" (vgl. Abb. 11, Taf. XV). Diese Beobachtung ist richtig. Da nun die ersten zwei Kalkschichten das Pigment der Bänder enthalten, ist anzunehmen, daß diese Kalkschichten von dem Epithel gebildet werden, das gleichzeitig das Pigment der Bänderung liefert, also vom erwähnten Mantelepithel, nicht aber wie BIEDERMANN meint, von den langen, drüsigen Epithelzellen am Mantelspalt. Diese drüsigen Epithelzellen liefern vielleicht nur die zuerst gebildete Plättchenschicht, die bekanntlich aus phosphorsaurem Kalke besteht. Allerdings bedarf diese Vermutung durchaus der experimentellen Nachprüfung und Bestätigung.

Umstritten ist die Frage, auf welche Weise die durch ihre oft höchst verwickelten Stukturen ausgezeichneten Schalengebilde aus den Sekreten entstehen. Zu entscheiden ist, ob es sich bei diesem Vorgange um einen reinen, mineralogischen Kristallisationsprozeß handelt, der dem Einfluß der lebendigen Zelle entzogen ist, oder ob die lebendige Zelle in irgendeiner Weise gestaltend den kristallinen Aufbau der Schale beeinflußt.

Es müßte als Anmaßung erscheinen, im Rahmen dieser Arbeit das Für und Wider beider Anschauungen erörtern und klarstellen zu wollen, nachdem berufene Vertreter der Wissenschaft ihre Lebensarbeit der

Lösung dieser Probleme gewidmet haben, ohne allerdings eine wirklich einwandfreie und sichere Erklärung gefunden zu haben. Es sei mir lediglich gestattet, an dieser Stelle einen Befund mitzuteilen, der mir in gewisser Beziehung auf einen gestaltenden Einfluß der Zelle hinzuweisen scheint. Da seine Deutung jedoch zweifelhaft ist, wage ich keinerlei theoretische Schlußfolgerungen daran anzuschließen, bevor mir nicht umfassendere Untersuchungen einen tieferen Einblick in die Kristallisationsvorgänge der Schalenbildung gegeben haben.

Schnitte durch den Eingeweidesack und die Lungendecke von *Arianta arbustorum* L.[1] zeigten, daß sich eine Schicht erstarrten Sekretes über dem Epithel ausbreitete. In dieser Schicht befanden sich zahlreiche Kerne von ovaler Gestalt und teilweise recht ansehnlicher Größe. Das Epithel war in keiner Weise verletzt, so daß die Kerne nicht aus willkürlich zerstörten Zellen stammen konnten. Auch zeigten die Kerne keinerlei Deformations- oder Degenerationserscheinungen (vgl. Abb. 15, Taf. XV). Die Schicht kernhaltigen, beim Fixieren erstarrten Sekretes zog sich einheitlich über das gesamte Epithel des Eingeweidesackes und der Lungendecke hinweg. Dieselbe Erscheinung habe ich auch bei *Cepaea hortensis* MÜLL. beobachtet (Abb. 16, Taf. XV), und zwar untersuchte ich absichtlich Tiere von verschiedenen Fundorten. Das Resultat war in mehr oder minder guter Ausprägung des obigen Befundes immer das gleiche. Es ist durchaus wahrscheinlich, daß das erstarrte Sekret, das wir bei unseren Objekten über den Epithelzellen ausgebreitet sahen, mit dem schalenbildenden Sekret identisch ist; denn unsere Tiere waren während des Schalenbaues fixiert worden. Da die Kerne, die wir in diesem Sekret beobachten konnten, weder Deformations- noch Degenerationserscheinungen zeigten, ist anzunehmen, daß es sich um lebensfähige Gebilde handelt. Ihre Herkunft ist unklar. Zweifellos müssen sie vom tierischen Organismus ausgeschieden sein, ob sie aber aus dem Epithel oder aus tiefer liegendem Bindegewebe stammen, steht nicht fest. Welche Aufgabe den lebensfähigen Kernen innerhalb des Sekretes zufällt, wage ich nicht zu entscheiden. Wahrscheinlich ist mir, daß sie mit dem Schalenbildungsprozeß irgendwie in Zusammenhang stehen müssen und somit vielleicht auf eine Beeinflussung der Kristallisationsvorgänge seitens der lebendigen Materie hinweisen, die ja aus genetischen Gründen durchaus notwendig scheint.

---

[1] Um geeignete Präparate zu erhalten, wurden ganze Tiere während der Periode des Schalenbaues mitsamt der Schale in Formol-Alkohol-Eisessig fixiert. Mit Hilfe von Kalilauge war von der Schale zuvor das Periostracum entfernt worden. Die Säure der Fixierungsflüssigkeit löste die kalkige Schale auf; das Sekret unter der Schale blieb, in fixiertem Zustande dem Epithel des Eingeweidesackes und der Lungendecke aufgelagert, zurück.

5. Die Färbung der Cepaea-Gehäuse.

Schon früher war gesagt worden, daß die Variabilität der Cepaeen vornehmlich auf Färbungsunterschieden beruht, d. h. teils auf Verschiedenheit der Bänderung, teils auf Verschiedenheit der Grundfarbe. Nachdem in den voranstehenden Kapiteln ein Bild vom Bau der Schale entworfen und der Prozeß der Schalenbildung kurz gestreift worden ist, möge nunmehr im folgenden untersucht werden, auf welche Weise die Schalenfärbung zustande kommt.

Noch SIMROTH war, seinen Darstellungen in Brehms Tierleben zufolge, der Meinung, daß die Bänderung der Schneckenschale durch eine Pigmentation des Periostracums bedingt sei. Heute weiß man zwar, daß die Bänderung durch Pigmenteinlagerungen in die Kalkschichten hervorgerufen wird, eine diesbezügliche, eingehende Darstellung der gesamten Färbungsverhältnisse fehlt jedoch meines Wissens in der Literatur vollkommen.

Als einziger erwähnt W. FLÖSSNER Pigmentstreifen innerhalb der Kalkschichten. Es handelt sich um verhältnismäßig schmale Streifen, die sich aus sehr feinen Pigmentkörnchen zusammenzusetzen scheinen. Meine Untersuchungen zeigten nun, daß die Befunde FLÖSSNERS, gleichgültig, ob man sie als Pigmentstreifen der Bänderung oder der Grundfärbung ansprechen will, nicht in dieser Weise zu deuten sind. Denn die Gehäusegrundfarbe wird durch eine homogene Verfärbung einer oder mehrerer Kalkschichten bedingt, die vermutlich auf einer derartig feinen und gleichmäßigen Pigmentverteilung beruht, daß selbst bei der stärksten Vergrößerung nicht die mindesten körnigen Differenzierungen innerhalb der Kalkschichten wahrnehmbar sind, die aus Pigmentsubstanz gebildet sein könnten. Das Pigment der Bänderung hingegen tritt wieder in überaus kompakten Massen auf, die sich oft über eine oder zwei Kalkschichten erstrecken, sich aber nicht als derartige dünne Streifen kennzeichnen, wie FLÖSSNER sie angibt. Was FLÖSSNER als Pigment deutet, dürfte eine Erscheinung gänzlich anderer Natur sein, wenn sie schon in gewissem Zusammenhang mit der Schalenfärbung stehen mag. Wir werden später Gelegenheit haben, auf diese Frage näher einzugehen. Zunächst wollen wir uns den Problemen der Bänderung, der Lippenfärbung und der Gehäusegrundfarbe zuwenden, von denen zuerst das Problem der Bänderung behandelt werden muß, weil man versucht hat, aus der Pigmentation der Bänder gewisse Nunancen der Schalengrundfarbe zu erklären, und somit die Erörterung der Grundfarbe die Kenntnis der Bänderung voraussetzt. Die Lippenfärbung schließt sich eng an das Problem der Bänderung an, weil die Pigmentation, bzw. Farblosigkeit der Bänder, ebenso wie des Lippenwulstes auf die gleichen physiologischen Bedingungen zurückzuführen sind.

a) *Die Bänderung.*

Die Gattung *Cepaea* gehört zu den Pentataeniinen. Wie dieser Name andeutet, lassen sich also die Bänder auf die Fünfzahl zurückführen. Von den fünf Bändern, deren jedes an ganz bestimmter Stelle liegt, brauchen nur einzelne oder ein einziges oder gar keine ausgebildet zu werden; es können allerdings auch sämtliche fünf Bänder gleichzeitig ausgebildet sein. Außerdem können die Bänder verschmelzen. Auf diese Weise ist der Möglichkeit zu variieren ein weiter Spielraum gelassen. Wenn man das Vorhandensein der Bänder durch die Zahlen 1, 2, 3, 4 und 5 ausdrückt, das Fehlen durch Substituieren einer 0 andeutet und das Zusammenfließen einzelner Bänder durch einen Bogen über den Zahlen der verschmolzenen Bänder kenntlich macht, kann man die „Bänderungsformel" aufstellen (z. B. 12345; $\overline{1234}5$; $1\overline{234}5$; 02305; 0$\overline{23}$05; 00300; 00000). Theoretisch sind 89 Bändervariationen möglich. Von diesen 89 Varianten sind zwar noch nicht alle gefunden worden, man darf jedoch mit C. R. Boettger bestimmt annehmen, daß „wohl fast alle existieren."

Die Breite der einzelnen Bänder ist nicht gleich. Band 1 von *Cepaea nemoralis* L. ist meist am schmalsten. Ihm folgten der Breite nach Band 2 und 3. Häufig zeichnet sich Band 4 vor allen übrigen Bändern an Breite aus. Ich besitze jedoch auch viele Gehäuse, bei denen Band 5 breiter ist als Band 4.

Die Breite entsprechender Bänder verschiedener Individuen ist sehr variabel. Sauveur und Lang unterscheiden schmale, mittelbreite und breite Bänder. „Schmal ist ein Band, wenn es nicht über 0,5 mm breit ist, mittelbreit ist es bei 0,5—1,5 mm, breit, wenn sein Querdurchmesser 1,5 mm übersteigt." Ich maß die Breite des dritten Bandes von 100 Cepaeen der *Species nemoralis* mit der Formel 00300 aus der Population Rhétel an der Aisne[1]. Die Resultate der Messungen sind im nachfolgenden Schema (Textabb. 10 S. 644) zusammengestellt worden. Die Abszisse gibt die Bandbreite in Millimetern (auf eine Dezimale genau)[2] an, die Ordinate die Zahl der Gehäuse.

Die Breite schwankt zwischen 0,4 mm und 4,2 mm. Am häufigsten sind Bänder mit 1,4 mm Querdurchmesser. Ich bin überzeugt, daß das Bild des Schemas anders aussehen würde, wenn ich Tiere einer anderen Population untersucht hätte. Cepaeen mit der Formel 00300 aus dem Wäldchen am Bahnhof Lützschena beispielsweise hatten durchschnittlich wesentlich breitere Binden als die untersuchten aus Rhétel.

---

[1] Die Breite wurde etwa in 1,5 cm Entfernung von der Mündung gemessen und zwar von jedem Tier dreimal. Von den drei Werten (mit drei Dezimalen) wurde das Mittel genommen und auf eine Dezimale abgerundet.

[2] Die Zahlen der ersten Abszissenzeile bedeuten Millimeter, die der zweiten die dazugehörigen Zehntelmillimeter.

Je nachdem, ob die Bänder breiter oder schmäler sind, ändert sich selbstverständlich die Breite der Zwischenräume zwischen den Bändern.

Über das erste Auftreten der Bänder ist folgendes zu sagen: Gebänderte Formen sind im frühesten Jugendstadium immer ungebändert. Erst etwa von der zweiten Windung an werden die Bänder ausgebildet, treten aber nicht in ihrer Gesamtheit gleichzeitig, sondern nacheinander auf. Zuchtversuche (Frühjahr und Sommer 1923) mit *Cepaea nemoralis* L. bestätigten mir LANGS Beobachtungen: Zuerst wird Band 3 gebildet, nächst diesem Band 4. Sodann folgen kurz aufeinander Band 2 und 1. Zuletzt erscheint das 5. Band.

Es erhebt sich die erste Frage, wie nun diese Farbbänder in die Kalkschalen eingelagert sind. Wir hatten schon oben angedeutet, daß die Bänder von *Cepaea* nicht im Periostracum liegen, sondern in die Kalkschichten direkt eingebettet sind. Um ihre genaue Lage festzustellen, schliff ich mehrfach parallel zu den Anwachsstreifen den äußeren Teil

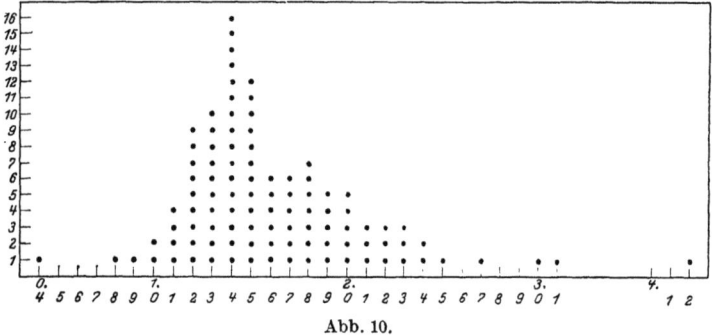

Abb. 10.

des letzten Umganges gebänderter Schalen von *Cepaea*. Abb. 4—6, Taf. XV bilden drei Querschliffe ab, in denen jedesmal das dritte Band getroffen ist. In Abb. 4 erfüllt das Pigment als kompakte Masse die zweite Kalkschicht. Das Band ist an seinen Rändern nicht scharf begrenzt, sondern verblaßt ganz allmählich zottig auslaufend. In Abb. 5, Taf. XV ist ein Teil der Pigmentmasse und zwar der dichteste und daher dunkelste Teil schon in die erste Kalkschicht eingelagert. Außerdem wird noch die zweite Kalkschicht von einer weniger kompakten Pigmentmasse vollständig erfüllt. Gegen den Rand des Bandes verblaßt die Pigmentmasse wieder ganz allmählich, d. h. sie nimmt an Dichte mehr und mehr ab. Abb. 6, Taf. XV stellt einen Schliff durch den letzten Gehäuseumgang einer noch nicht erwachsenen *Cepaea* dar. Das Pigment erfüllt hier den oberen Teil der zweiten Kalkschicht. An seinen Rändern spitzt sich das Band mehr und mehr zu, um schließlich wie in den beiden ersten Fällen allmählich zu verblassen. Schon diese drei Schliffe zeigen uns eine ziemlich willkürliche Variation in der Ablagerung des Pigmentes.

Das Pigment eines bestimmten Bandes scheint nicht in einer ganz bestimmten Kalkschicht abgeschieden zu werden, sondern bei individueller Mächtigkeit bald die erste oder zweite Kalkschicht, bald beide zusammen oder nur Teile von ihnen zu erfüllen. Bestätigt wird diese Annahme durch zwei weitere Querschliffe, die ich durch den äußeren Teil des letzten Gehäuseumganges zweier erwachsener Cepaeen mit fünfbänderiger Schale anfertigte. Das Stück, das für den in Abb. 7, Taf. XV abgebildeten Schliff zur Verwendung kam, hatte die Formel 12345. Bei dem zweiten Stück war das erste und zweite Band verschmolzen. Es hatte also die Formel $\overparen{12}345$. Das Bild des zugehörigen Schliffes gibt Abb. 8, Taf. XV wieder. In Abb. 7, Taf. XV liegen Band 1, 2, 3 und 4 dem Periostracum an, also in der ersten Kalkschicht. Band 5 liegt im unteren Teile der ersten und hauptsächlich in der zweiten Kalkschicht. In Abb. 8, Taf. XV liegen dagegen Band 3, 4 und 5 dem Periostracum an und damit in der ersten Kalkschicht. Das verschmolzene Band 12 liegt in der zweiten Kalkschicht. Die Ablagerung des Bandpigmentes in die Kalkschichten erfolgt also nicht streng gesetzmäßig, sondern es ist vielmehr auch hier der individuellen Variation ein weiter Spielraum gelassen. Allerdings habe ich in keinem meiner Schliffe Pigmentmasse der Bänderung unterhalb der zweiten Kalkschicht, etwa in die dritte bis fünfte Schicht eingelagert, gefunden.

Hinsichtlich der chemischen Beschaffenheit des Pigmentes und seiner mutmaßlichen Entstehung innerhalb des Epithels der Lungendecke sei auf die Arbeit von A. v. HERWERDEN verwiesen, der meint, daß „die Zellen in der Region, wo die Braunfärbung entsteht, reicher an Oxydasen sind als in den dazwischenliegenden, ungebänderten Teilen." Die Oxydasen wirken auf Chromogene, die im Gewebe enthalten sind, ein und erzeugen auf diese Weise das braune Pigment. Fehlen die Oxydasen, so fehlen der Schnecke auch die braunen Bänder.

Legt man ein gebändertes Schalenstück in stark verdünnte Salzsäure, so kann man auf diese Weise das Pigment der Bänder isolieren. Es stellt eine rotbraune, strukturlose Masse dar, die leicht in einzelne Teilchen zerfällt.

Statt der braunen, pigmenthaltigen Bänder bilden manche Formen hyaline, pigmentlose Bänder aus (Abb. 24, Taf. XVI). Über die Entstehung hyaliner, pigmentloser Bänder wird an anderer Stelle eingehend zu sprechen sein.

b) Die Lippenfärbung.

Ebenso wie die Bänder ist auch die Lippe der meisten Formen von *Cepaea nemoralis* L. braun gefärbt. Sämtliche Kalkschichten des Lippenwulstes enthalten das gleiche braune Pigment wie die beiden ersten Kalkschichten der Bandzonen (Abb. 9, Taf. XV).

Wir kennen allerdings auch Formen von *Cepaea nemoralis* L. mit weißer, pigmentloser Lippe. In den meisten Fällen handelt es sich um Gehäuse, die gleichzeitig auch hyaline, pigmentlose Bänder besitzen, um sogenannte Albinos. Außerdem kennen wir jedoch auch Formen mit weißer Lippe und dunkelbraunen, pigmenthaltigen Bändern (vgl. C. R. Boettger). Der umgekehrte Fall, Gehäuse mit hyalinen, pigmentlosen Bändern und brauner, pigmenthaltiger Lippe ist bisher noch nicht einwandfrei nachgewiesen worden. Zwar finden sich nach Lang in der Literatur Angaben über das Vorkommen von Formen mit hyalinen, pigmentfreien Bändern und brauner Lippe. Ich selbst habe solche Formen niemals zu Gesicht bekommen. Da auch Lang trotz seiner reichen Kenntnis der Variationsformen von *Cepaea* keine Belegstücke hierfür gesehen hat, möchte ich die Richtigkeit der Literaturangaben bezweifeln. Wie Lang mitteilt, hat es sich um Gehäuse mit roter Grundfarbe gehandelt. Wenn nun — was wahrscheinlich der Fall war — die Bänder nicht wie gewöhnlich dunkelbraun, sondern nur blaßbraun gefärbt waren, hoben sie sich wenig vom rötlich-gelbbräunlichen Schalengrunde ab. Unter diesen Umständen sind die hellbraun gefärbten Bänder sehr leicht mit hyalinen, pigmentlosen Streifen zu verwechseln, wovon ich mich bei geeigneten Stücken wiederholt überzeugen konnte.

Cepaea hortensis Müll. ist im allgemeinen weißlippig und bildet ebenso wie *nemoralis* braune, pigmenthaltige Bänder aus. Wir kennen aber auch *hortensis*-Formen mit brauner, pigmenthaltiger Lippe, sowie braunen, pigmenthaltigen Bändern und schließlich auch Albinos mit pigmentlosen, hyalinen Bändern und weißer, pigmentloser Lippe.

Auf Grund der Kreuzungsexperimente Langs kann man vermuten, daß eine Verbundenheit in der Vererbung von Lippenfärbung und Bänderung bei *Cepaea* besteht. Kreuzungen braungebänderter, braunlippiger Formen mit hyalingebänderten, weißlippigen Formen (Albinos) von *Cepaea nemoralis* L. ergaben beim Aufspalten als Nachkommenschaft immen nur Tiere mit braungebänderten, braunlippigen oder hyalingebänderten, weißlippigen Gehäusen. Würden Lippenfärbung und Bandfärbung getrennt vererbt, so müßte man aus obigen Kreuzungen auch Individuen mit weißlippigen, braungebänderten und braunlippigen, hyalingebänderten Gehäusen bekommen können. Das ist jedoch, wie die Aufzeichnungen Langs beweisen, niemals der Fall gewesen. Zudem existieren, wie oben erwähnt, von *Cepaea nemoralis* L. wohl überhaupt keine Formen mit braunlippigen, hyalingebänderten Gehäusen.

Somit kann man vermuten, daß *Cepaea nemoralis* L. und *Cepaea hortensis* Müll. hinsichtlich der Band- und Lippenfärbung folgende Mutanten ausbilden:

1. Braunlippige Formen:

a) Gebänderte Gehäuse: Braune, pigmenthaltige Bänder; braune, pigmenthaltige Lippe.

b) Ungebänderte Gehäuse: Bänder fehlen; braune, pigmenthaltige Lippe.

2. Weißlippige Formen mit Fähigkeit zur Pigmentbildung:

a) Gebänderte Gehäuse: Braune, pigmenthaltige Bänder; weiße, pigmentlose Lippe.

b) Ungebänderte Gehäuse: Bänder fehlen; weiße, pigmentlose Lippe.

3. Albinos:

a) Gebänderte Gehäuse: Hyaline, pigmentlose Bänder; weiße, pigmentlose Lippe.

b) Ungebänderte Gehäuse: Bänder fehlen; weiße, pigmentlose Lippe.

Von *Cepaea nemoralis* L. tritt im allgemeinen die Mutante 1 auf, von *Cepaea hortensis* MÜLL. die Mutante 2. Die Richtigkeit dieser sich auf die Experimente LANGS stützenden Vermutung ist durch neue, an die Untersuchungen LANGS anknüpfende Experimente einwandfrei nachzuweisen.

c) Die Gehäusegrundfarbe.

Wenden wir nunmehr unser Interesse der Gehäusegrundfärbung zu. Noch mannigfaltiger als infolge der variierenden Bänderzahl ist ja bei *Cepaea* die Zahl der Varianten infolge differenter Grundfarbe. Um die Farben Gelb und Rot gruppiert sich eine in ihrer Gesamtheit kaum zu erfassende Schar der verschiedensten Farbenerscheinungen. Alle Übergänge vom hellsten Gelblichweiß bis zum dunkelsten Ziegelbraun, ja sogar Braunviolett finden sich in endlosen Abstufungen, in den feinsten Nuancierungen, und es will zunächst aussichtslos erscheinen, aus dieser Mannigfaltigkeit irgendwelche Gesetzmäßigkeiten abzuleiten. Wir werden jedoch sehen, daß sich diese verschiedenfarbige Formenfülle sehr gut gruppieren läßt, sofern wir nur die einzelnen Nuancen analysieren und die morphologischen Voraussetzungen für deren Existenz ergründen.

In der Arbeit von V. FRANZ „Zur Farben- und Bändervariabilität von *Tachea nemoralis* L.", die uns später noch eingehend beschäftigen wird, vertritt der Verfasser eine Anschauung, die die Gehäusegrundfarbe von *Cepaea* in gewissen Zusammenhang zur Pigmentation der Bänderung zu bringen sucht. Danach ist „die rötliche, oder richtiger gesagt, rötlichorangenfarbene Grundfarbe der sogenannten rötlichen Gehäuse durch eine diffuse Beimischung braunen Pigments zum gelben Farbstoff zustande gekommen." Die rötliche Varietät wäre also gleich dem gelben plus braunen Farbstoff. Um die Richtigkeit dieser Hypothese nachzuprüfen, stellte ich folgendes Experiment an. Ich löste von einem rötlichorangefarbenen Gehäuse mit der Formel 00300 das organische, gelbe Periostracum mit Hilfe von Kalilauge ab, behielt also das sich lediglich aus den Kalkschichten zusammensetzende Gehäuse zurück. Dieses Gehäuse war jetzt nicht mehr rötlich-orangenfarbig, seine Grundfarbe bestand vielmehr aus einem ausgesprochenen hellen Karmin, das auch nicht im mindesten nach Kreß oder gar Gelb hinneigte (Abb. 17 und 18, Taf. XVI). Zu dem hellen Karmin des Schalengrundes bildete das dunkle Siennabraun des Bandes einen wirkungsvollen Kontrast. Weiterhin löste ich von einem gelben Gehäuse mit der Formel 00300 das organische, gelbe Periostracum mit Hilfe von Kalilauge ab. Während die Grundfarbe zuvor ockergelb gewesen war, zeigte das Gehäuse jetzt schwefelgelbe Färbung (Abb. 19 u. 20, Taf. XVI). Das Band wieder zeichnete sich als siennabrauner Streifen vom Untergrunde ab. Dieses einfache Experiment widerlegt die FRANZsche Hypothese ohne weiteres. Wäre nämlich die rötlich-orangene Färbung dadurch entstanden, daß dem an sich gelb gefärbten Gehäuse ein rotbraunes Pigment in sehr feiner Verteilung beigemengt würde, so müßten die Kalkschichten auch nach der Entfernung des Periostracums rötlich-orangefarben erscheinen. Das aber ist, wie wir gezeigt haben, nicht der Fall. Die Schale ist in diesem Falle karminrosa. Dieses Karminrosa läßt weiterhin eine Identität mit einem Siennabraun der Bänder, das nur in allerfeinster Verteilung aufzutreten hätte, kaum als möglich erscheinen. Wie wir gesehen hatten, verblaßte das braune Pigment mehr und mehr und wurde gelblichbraun, sobald es an den Rändern der Bänder in feinerer Verteilung auftrat. Niemals war ein so ausgesprochen karminfarbener Ton zu beobachten, wie er bei der homogenen Schalenfärbung der rötlichen Formen zutage tritt. Die äußerlich sichtbare, rötlich-orangene Schalenfärbung war lediglich dadurch entstanden, daß das gelbe Periostracum die karminrosa gefärbten Kalkschichten überlagerte.

Danach wird also die äußerlich sichtbare Gehäusegrundfärbung durch zweierlei Faktoren bedingt, einmal durch das gelbe Periostracum und zweitens durch die Farbe der Kalkschichten, die nach unseren bisherigen Erfahrungen gelb oder rot gefärbt sein können. Dieses Gelb oder Rot wird wahrscheinlich durch Einlagerung organischer Farbstoffe in die Kalkschichten hervorgerufen. In Hinblick auf die Farbstoffe der ebenfalls aus kohlensaurem Kalke aufgebauten Vogeleischalen darf man vermuten, daß es sich auch hier um Porphyrine handelt. (Vergleiche hierzu die Untersuchungen H. FISCHERS und F. KÖGLS, die in Vogeleischalen ein neues Porphyrin nachgewiesen haben, das sie mit dem Namen „Ooporphyrin" belegen.) Auf eine eingehende, chemische Untersuchung mußte ich im Rahmen dieser Arbeit verzichten, da sie mich vom eigentlichen Thema zu weit abgeführt hätte und zum Verständnis der in dieser Arbeit entwickelten Gedanken entbehrlich ist. Ich hoffe jedoch, daß es mir später einmal vergönnt sein wird, wieder auf diese rein chemischen Fragen zurückzukommen.

Nicht alle der von mir mit Kalilauge behandelten Gehäuse waren in ihren Kalkschichten gelb oder rot gefärbt. Einzelne, äußerlich gelb erscheinende Stücke besaßen nach Ablösung des Periostracums ungefärbte, also weiß erscheinende Kalkschichten. Ihnen fehlte in den Kalkschichten der rote, wie der gelbe Farbstoff. Ihre äußerlich wahrnehmbare gelbe Farbe beruhte allein auf der Gelbfärbung des Perioostracums (vgl. Abb. 21 und 22, Taf. XVI).

Auf Grund dieser Befunde vermag man die gesamten Färbungsvarianten von *Cepaea* in drei Gruppen einzuteilen:

Gruppe I: Gehäuse mit positivem Rotfaktor.

Alle Gehäuse dieser Gruppe enthalten in ihren Kalkschichten den roten Farbstoff. Die äußerlich sichtbare Farbe dieser Gehäuse kann zwischen stark nach Gelb neigendem Kreß und ziemlich intensivem Rot variieren, je nachdem in den Kalkschichten der rote Farbstoff mehr oder minder intensiv hervortritt und das Periostracum stärker oder schwächer hyalin erscheint und eine hellgelbe oder eine sich bis zu Gelbbraun steigernde Färbung besitzt.

Gruppe II: Gehäuse mit positivem Gelbfaktor.

Alle Gehäuse dieser Gruppe enthalten in ihren Kalkschichten den gelben Farbstoff. Auch hier findet sich eine breite Variationsbasis zwischen mattem Hellgelb und einer ziemlich grellen Färbung, je nach der Intensität der Gelbfärbung in den Kalkschichten und der Beschaffenheit des Periostracums.

Gruppe III: Gehäuse ohne positivem Färbungsfaktor.

Die Kalkschichten aller Gehäuse dieser Gruppe erscheinen weiß. Ihnen fehlt also der gelbe, wie der rote Farbstoff. Ihre äußerlich sichtbare Farbe wird vornehmlich durch das Periostracum bedingt, und je nach dessen Beschaffenheit variiert sie zwischen einem gelblichen Weiß und hellem Gelbbraun.

So haben wir zunächst einen Überblick über das Chaos verschieden farbiger Formen bekommen. Wir haben gesehen, daß sich die Fülle der variablen Erscheinungen auf drei Einheiten zurückführen läßt, eben auf die oben aufgestellten Gruppen. Wie weit aber wieder innerhalb dieser Gruppen die einzelnen variierenden Formen zu differenzieren sind, darüber vermögen wir erst zu entscheiden, wenn wir ergründet haben, ob die differente Farbe des Periostracums und die verschieden intensive Färbung des Kalkes erblich bedingt sind. Wir werden uns darum im folgenden mit diesen Problemen eingehender zu beschäftigen haben.

d) Das Periostracum.

Durchtränkt man frisch abgeschiedenes Periostracum, an das noch keine Kalkkristalle angelagert sind, mit einer Lösung von $CuSO_4$ und gibt NaOH oder KOH zu, so färbt es sich intensiv violett, d. h. wir haben es mit einer eiweißartigen Substanz zu tun (Biuretreaktion). „Ältere Teile geben die Reaktion dagegen nicht mehr, was darauf hinzuweisen scheint, daß eine allmähliche, chemische Umwandlung einer ursprünglich eiweißartigen Substanz in die eigentliche Cuticularmasse (Conchyolin?) stattfindet." (W. BIEDERMANN.)

Wie bereits oben erwähnt, variiert die Farbe dieser Cuticularmasse zwischen sehr hellem, gelblichem Weiß und Braun, d. h. wir finden alle Nuancen von Gelb bis Braun vertreten.

Nun ist kaum zu leugnen, daß von außen kommende Reize chemischer, wie physikalischer Natur, unter deren Einfluß sich die Abscheidung der eiweißartigen Substanz, sowie deren Umwandlung in die eigentliche Cuticularmasse vollzieht, modifizierend auf die Beschaffenheit des Periostracums einwirken müssen, d. h. daß die Beschaffenheit des Periostracums, mithin auch seine Farbe, abhängig ist von äußeren Einflüssen. Besonders verständlich wird uns diese Annahme in Hinblick auf die Süßwassergastropoden, beispielsweise die Limnaeen. Ihre Gehäusegrundfarbe wird lediglich durch das zwischen einem hellen und dunklen, schmutzigen Gelbbraun variierende Periostracum bedingt. Wir beobachten nun vielfach, daß Tiere des gleichen Tümpels hinsichtlich der Farbe ein ziemlich einheitliches Gepräge aufweisen, sich aber von Vertretern anderer Tümpel oft recht deutlich unterscheiden. Diese Erscheinung bestätigt unsere Annahme. Denn gerade im Wasser sind ja die chemischen, wie physikalischen Einflüsse für die an der gleichen Lokalität vorkommenden Tiere ziemlich einheitlich, zum mindesten einheitlicher als auf dem Lande, und so kommen wir auch zu einer besonders auffälligen Übereinstimmung der einzelnen Formen hinsichtlich der Farbe ihres Periostracums. Individuelle Färbungsunterschiede sind selbstverständlich trotzdem noch immer vorhanden, aber eben nicht von besonderer Stärke. Wir gelangen somit zu dem Ergebnis: Die Farbennuancierung, die bei der Gehäusegrundfärbung durch die variierende Beschaffenheit des Periostracums verursacht wird, ist dem Einfluß von außen kommender Reize unterworfen, d. h. modifizierbar also nicht erblicher Natur.

Es bedarf wohl kaum des Hinweises, daß wir uns im Rahmen dieser Arbeit damit begnügen müssen, diese Tatsache festzustellen. In welcher Weise die Reaktion verläuft, können wir selbstverständlich nicht angeben, solange uns die chemische Natur der eigentlichen Cuticularmasse unbekannt ist. Infolgedessen erübrigt es sich auch, in diesem Zusammenhange über die Einwirkung von Chemikalien auf die Färbung des in Bildung begriffenen Periostracums zu berichten, die ich in einzelnen Fällen experimentell an Limnaeen nachprüfte. Alle solche Versuche beweisen uns für die zur Diskussion stehenden Probleme nur das,

Die Schalenmerkmale der Gartenschnecke. 651

was uns die Naturbeobachtung viel sinnfälliger jederzeit lehrt: Die Farbe des Periostracums ist von der Umwelt abhängig, in der die Schnecke aufwächst.

c) *Die variable Intensität der Kalkfärbung und ihre Ursache.*

Zur Klärung des zweiten Problems, der Ursache für die verschieden intensive Färbung des Kalkes, bedarf es einiger Untersuchungen von umfassenderem Charakter. Wir beginnen mit makroskopischen Beobachtungen an *Arianta-*, *Buliminus-* und *Cepaea-*Gehäusen.

Das Gehäuse von *Arianta arbustorum* L. ist glänzend kastanienbraun gefärbt, mit zahlreichen strohgelben Flecken versehen, die meist mehr oder minder radial geordnet sind; es besitzt ein einziges, nur selten fehlendes, dunkelbraunes Band (00300) und eine glänzend weiße Lippe. Die Verteilung der Flecken ist sehr variabel. Die Flecken können äußerst spärlich auftreten und sehr klein sein, so daß das Gehäuse hauptsächlich kastanienbraun erscheint; sie können aber auch an Zahl mehr und mehr zunehmen, sich vergrößern und schließlich vollkommen ineinander fließen, so daß das Gehäuse nunmehr hellgelb gefärbt erscheint und nur noch vereinzelte, dunkle Stellen aufweist. Textabb. 11—13 zeigen drei Gehäuse von *Arianta arbustorum*, die verschiedene Fleckungstypen darstellen. Die erste Schale ist dunkelbraun gefärbt und weist nur wenige und kleine helle Flecken auf; die letzte ist infolge zusammenfließender Flecken hellgelb getönt, während

Abb. 11. *Arianta arbustorum* L. Population Bad Gottleuba (Erzgebirge). Vergr. 3 fach.

Abb. 12. *Arianta arbustorum* L. Population Bad Gottleuba (Erzgebirge). Vergr. 3 fach.

das mittlere Gehäuse zwischen beiden Extremen die Mitte hält. Sehr gut läßt sich die allmähliche Verfärbung von Braun nach Gelb auch am natürlichen Objekt beobachten, wenn man in die Gehäuseöffnungen hineinschaut. Die Öffnung der ersten Schale erscheint relativ dunkel, die der zweiten schon etwas heller, ideal licht aber erst die des letzten Gehäuses. Hier tritt auch das braune Band infolge der Kontrastwirkung sehr deutlich hervor.

Abb. 13. *Arianta arbustorum* L. Population Graz. Vergr. 3 fach.

In ähnlicher Weise wie *Arianta arbustorum* L. variiert *Buliminus detritus* MÜLL. Wir kennen von ihm zwei extreme Variationsformen, nämlich eine Form, deren Gehäuse vollkommen weiß gefärbt ist, dann eine zweite Form, deren an sich weißes Gehäuse zahlreiche, relativ breite, dunkle Längsstreifen aufweist. Zwischen beiden Extremen gibt es alle Übergänge. In den Textabb. 14—19 sind einige Variationsformen abgebildet. Gegen das Licht betrachtet, ist das Gehäuse dort durchscheinend, wo sich die dunklen Längsstreifen befinden, opak aber in den weißen Zonen, also ein Befund, ähnlich dem bei *Arianta arbustorum* L.

Solche im auffallenden Lichte hell, im durchfallenden Lichte aber opak erscheinende Zonen beobachten wir schließlich noch bei *Cepaea*. Ein fünfbänderiges, rotes oder gelbes Gehäuse von *Cepaea* unterscheidet sich schon im allgemeinen hinsichtlich der Grundfarbe von einem bänderlosen, roten oder gelben Gehäuse dadurch, daß bei ihm die Gehäusegrundfarbe nicht wie bei dem ungebänderten Stück ziemlich homogen über das ganze Gehäuse verteilt ist, sondern nur am Apex und unterhalb des fünften Bandes besonders intensiv hervortritt, während die Zonen zwischen den Bändern bedeutend heller gefärbt, wenn nicht direkt weiß erscheinen. Betrachten wir ein nicht zu dickschaliges, fünfbänderiges Gehäuse im durchfallenden Lichte, so zeigt sich, daß die Bänderzonen hyalin, die zwischen den Bändern gelegenen, ungefärbten Zonen opak sind. Apex und die Gegend unter dem fünften Bande halten bei individueller Variation ungefähr die Mitte zwischen Hyalin und Opak. Diese eben beschriebene Erscheinung tritt nun aber nicht allein an fünfbänderigen *Cepaea*-Gehäusen auf. Fast immer ober- und unterhalb eines braunen Pigmentstreifens findet sich eine mehr oder minder deutlich ausgeprägte opake Zone, mag es sich um ein- oder mehrbänderige

Die Schalenmerkmale der Gartenschnecke. 653

Abb. 14. *Buliminus detritus* MÜLL. Population Bad Wildungen (Waldeck). Vergr. 2fach.

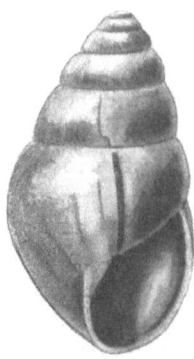

Abb. 15. *Buliminus detritus* MÜLL. Population Bad Wildungen (Waldeck). Vergr. 2fach.

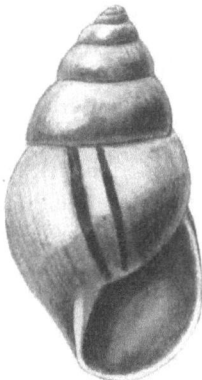

Abb. 16. *Buliminus detritus* MÜLL. Population Bad Wildungen (Waldeck). Vergr. 2fach.

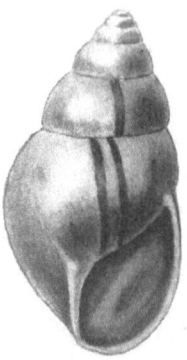

Abb. 17. *Buliminus detritus* MÜLL. Population Bad Wildungen (Waldeck). Vergr. 2fach.

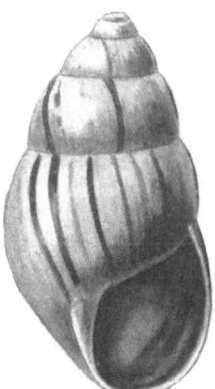

Abb. 18. *Buliminus detritus* MÜLL. Population Bad Wildungen (Waldeck). Vergr. 2fach.

Abb. 19. *Buliminus detritus* MÜLL. Population Bad Wildungen (Waldeck). Vergr. 2fach.

Stücke handeln. Auf diese Weise können Gehäuse von ganz besonderem ästhetischen Reize entstehen. Ich habe mehrfach Varianten gesammelt, bei denen das dritte Band zweifach auftrat. Zwischen den beiden braunen Pigmentstreifen verlief eine vollkommen weiße Zone, die im durchfallenden Lichte absolut opak war. Das übrige Gehäuse war entweder intensiv gelb oder rot gefärbt. In Abb. 23, Taf. XVI ist eine rote Form abgebildet.

Schon A. LANG unterscheidet auf Grund der Tatsache, daß bei den gebänderten Cepaeen hellere Zonen auftreten, ,,homochrome" und ,,heterochrome" Gehäuse. Die Opacität der helleren Zonen scheint ihm jedoch entgangen zu sein, zum mindesten aber legt er ihr keine große Bedeutung bei. Über die heterochromen Gehäuse schreibt er: ,,Bei den gebänderten Formen ist ohne Ausnahme der gebänderte Teil der Schale in der Grundfarbe heller als der apikale, ungebänderte oder schwach gebänderte Teil. Es ist, als ob bei der Bildung der Bänder das Pigment aus der Umgebung absorbiert würde. Am schönsten sieht man das z. B. an den roten Formen, wo der Apex und etwa noch die Nabelseite schön rot sind, während die Grundfarbe zwischen den Bändern zu Hellrot oder gar zu Weißlich verblaßt. Rote Schalen von der Formel 00300 oder 00345 zeigen meist dem Pigmentband entlang einen hellen Streifen." Die Erscheinungen also, auf die wir oben hingewiesen haben, waren LANG bereits bekannt. Doch scheint er sich eben mit der Feststellung der bloßen Tatsachen begnügt zu haben. Nachdem wir aber ähnliche Erscheinungen auch an den Gehäusen anderer Schnecken beobachtet haben, liegt für uns die Vermutung nahe, daß diese im auffallenden Lichte hell, im durchfallenden Lichte opak erscheinenden Flecke und Zonen in den Gehäusen der verschiedenen Arten identisch sind und uns auf Gesetze hinweisen, die ganz allgemeinen dem Prozeß der Schalenbildung und Färbung zugrunde liegen. Zur Klärung dieses Problems bedarf es zunächst der Feststellung, wodurch morphologisch diese opaken Flecken und Zonen bedingt werden.

Betrachtet man Dünnschliffe durch *Cepaea* oder *Helix pomatia* L. unter dem Mikroskop im durchfallenden Lichte, so findet man kleine, dunkle, körnige Gebilde in die Kalkschichten eingelagert, die schmale, opake Streifen bilden und in der Richtung der Kalkschichten verlaufen (Abb. 1, Taf. XV). Ich möchte diese Körnchen mit den Erscheinungen identifizieren, die FLÖSSNER als Pigment gedeutet hatte. Betrachtet man den Schliff im auffallenden Lichte, so erscheinen die körnigen Einlagerungen weiß, im polarisierten Lichte bleiben sie dunkel, während die Kalkschichten wunderbar polarisieren, also je nach der Einstellung bald aufleuchten, bald wieder auslöschen. Schleift man durch ein gebändertes Schalenstück parallel zu den Anwachsstreifen, so zeigen sich die körnigen Gebilde als dichte Massen in die Zonen zwischen den Bändern eingelagert (Abb. 7 und 8, Taf. XV); mit anderen Worten: Diese ihrer Natur nach noch unbekannten, körnigen Gebilde bedingen die Opacität der hellen Zonen, die in den *Cepaea*-Gehäusen zwischen den Bändern liegen.

Schleift man ein Schalenstück von *Buliminus detritus* MÜLL. und zwar von einem Exemplare der gestreiften Variationsform senkrecht zu den Anwachsstreifen, so findet man auch wieder in den weißen, opaken Zonen massige Ansammlungen der körnigen Gebilde, allerdings nur in den oberen Schichten. Die unteren sind gleichmäßig hyalin (Abb. 2, Taf. XV). Die Streifung bei *Buliminus detritus* MÜLL. ist somit auf das Vorhandensein, bzw. Fehlen der körnigen Gebilde in bestimmten Zonen zurückzuführen, nicht aber, wie BECK meint, dadurch hervorgerufen, daß die zweite Kalkschicht der aus mehreren Schichten bestehenden Schale jeweils an den durchscheinenden Stellen sehr schmal wird, in den opaken Zonen aber außerordentlich an Mächtigkeit zunimmt. BECK hat irrtümlicherweise den Bezirk der Einlagerungen in einer Schicht für eine besondere Schicht angesehen, von der er allerdings bemerkt, daß in ihr Körnchen oder Bläschen massig enthalten sein müßten. Wie unser Schliff zeigt, verlaufen bei *Buliminus detritus* MÜLL. die einzelnen Kalkschichten ganz gleichmäßig parallel zueinander, ohne ihre Mächtigkeit zu ändern.

Schliffe von *Arianta arbustorum* L. (Abb. 3, Taf. XV) schließlich zeigen an den Stellen, wo sich die strohgelben Flecken befinden, besonders massige Einlagerungen der körnigen Gebilde, in die hier homogen braun gefärbten, oberen Kalkschichten.

Löst man einen Schliff, der besonders reich an eingelagerten, körnigen Gebilden ist, z. B. von *Buliminus* oder *Cepaea*, in äußerst verdünnter Salzsäure vorsichtig auf, so bleibt wohl das Periostracum als organischer Restkörper zurück, alles übrige aber geht in Lösung. Die Stellen mit Einlagerungen zersetzen sich sogar schneller als diejenigen, denen die Einlagerungen fehlen. Daraus kann man schließen, daß die körnigen Gebilde nicht organischer Natur sind. Es kann sich bei ihnen um besondere, körnige Kalkabscheidungen handeln oder aber auch um Gasbläschen, die in den Kalkschichten fein verteilt sind, worauf besonders der raschere Zersetzungsvorgang bei Einwirken von Säure hinweist. Sofern die eingelagerten, körnigen Gebilde aus Kalk bestehen, können sie Kalkspat, Calciumphosphat oder Aragonit sein. Das letzte ist allerdings deshalb kaum anzunehmen, da bekanntlich die Kalkschale der Gastropoden selbst vorwiegend aus Aragonit besteht. Man kann den Nachweis für die Aragonitnatur der Schneckenschalen erbringen, wenn man zerstoßene Kalkschalen in Kobaltnitratlösung kocht. Aragonit färbt sich sofort violett. Nun ist es aber nicht recht wahrscheinlich, daß der Aragonit einmal in einem Sekret abgeschieden werden soll, das durch Auskristallisation die Kalkschichten bildet, daß aber zweitens in dieses Sekret wiederum feste Aragonitkörnchen eingelagert würden. Denn wie bereits gezeigt worden ist, lassen die histologischen Befunde am Mantel- und Eingeweidesack-Epithel, von denen aus der Sekretionsvorgang erfolgt, keinerlei Schlüsse zu, wie die festen Körnchen aus den tiefer liegenden Speicherzellen durch das Epithel hindurch wandern sollten. Um feste Aragonitkörnchen müßte es sich aber handeln; denn hätten wir nur ein Sekret, so würde der Kristallisationsprozeß gleichmäßig verlaufen, nicht aber hyaline Kalkplatten und opake, körnige Gebilde liefern.

Ich prüfte zunächst auf Kalkspat. Kalkspatpulver mit Kobaltnitratlösung gekocht, bleibt zunächst weiß, wird aber dann blau, da sich auf ihm basisches Kobaltkarbonat niederschlägt. Beim Experiment verfuhr ich so, daß ich zunächst zum Vergleiche grob pulverisierte Schalenteile (*Buliminus detritus* MÜLL.) in Kobaltnitratlösung kochte, in denen die körnigen Gebilde so gut wie fehlten (hyaline Zonen). Wie zu erwarten, färbte sich die grob pulverisierte Masse violett. Hierauf pulverisierte ich Schalenteile, in denen die körnigen Gebilde außerordentlich massig gespeichert waren (opake Zonen), und kochte sie ebenfalls in Kobaltnitratlösung. Die pulverisierte Masse färbte sich wiederum violett. Wenn im Falle eines Kalkspatvorkommens auch nicht reine Blaufärbung zu erwarten war, da ja das Pulver immerhin größere Mengen Aragonit neben dem eventuellen Kalkspate enthielt, so hätte sich doch wenigstens ein Farbenunterschied gegenüber der ersten Probe zeigen müssen. Dies war aber nicht der Fall. Die körnigen Ablagerungen können danach also nicht aus Kalkspat bestehen.

Ich prüfte nunmehr auf Calciumphosphat ($Ca_3[PO_4]_2$). $Ca_3(PO_4)_2$ gibt bei Zusatz von Silbernitrat ($AgNO_3$) einen leuchtend gelben Niederschlag, der beständig ist. $CaCO_3$ (Aragonit und Kalkspat) gibt bei Zusatz von $AgNO_3$ einen blaßgelben Niederschlag, der unter Einwirkung des Lichtes in eine grauschwarze Verbindung übergeht. Ich pulverisierte wieder Schalenstücke (*Buliminus detritus* MÜLL.), die die körnigen Gebilde sehr reichlich enthielten, und solche, in denen sie so gut wie fehlten. Zu beiden gab ich $AgNO_3$, und in beiden Fällen bildete sich der gleichgetönte, blaßgelbe Niederschlag, der sehr bald in eine grauschwarze Verbindung überging. Hieraus ergibt sich daß die körnigen Gebilde auch nicht aus Calciumphosphat bestehen können.

Die Unwahrscheinlichkeit ihrer Aragonitnatur war oben schon dargetan. Es bleibt also noch die Möglichkeit, daß wir es in den körnigen Gebilden mit fein verteilten Gasbläschen zu tun haben. Trifft diese Annahme zu, dann müssen die Stücke, die die körnigen Gebilde reichlich enthalten spezifisch leichter sein als diejenigen, denen die körnigen Gebilde fehlen. Ich prüfte also auf das spezifische Gewicht. Zwei

Schalenstücke, ein Stückchen mit eingelagerten, körnigen Gebilden und ein solches ohne diese, wurden in ein Gefäß geworfen, das mit Kaliumquecksilberjodid gefüllt war. Beide Stücke schwammen auf der Flüssigkeit. Sodann wurde H_2O tropfenweise zugegeben. Die Schalenstücke sanken und schwebten nunmehr in der Flüssigkeit und zwar das Stück ohne Einlagerungen immer etwas tiefer als dasjenige mit Einlagerungen. Bei weiterer Verdünnung — Wasser wurde tropfenweise zugesetzt — sank das Stück ohne Einlagerungen zu Boden, während das andere noch schwebte. Ich habe dieses Experiment elfmal wiederholt. In sieben Fällen war das Ergebnis einwandfrei positiv, in einem Falle zweifelhaft und in drei Fällen negativ. Ich möchte die negativen Ergebnisse auf das Vorhandensein von organischer Substanz zurückführen (mehr oder minder starkes Periostracum), die den normalen Verlauf des Experimentes störte, indem ihre Gegenwart das spezifische Gewicht der Schalenstücke beeinflußte.

Da die überwiegende Mehrzahl der Versuche positiv ausfiel, dürfen wir wohl mit einiger Wahrscheinlichkeit annehmen, daß die körnigen Gebilde Gasbläschen sind.

Nach dieser Feststellung bedarf es einer Erklärung, warum die feinverteilten Gasbläschen bei *Cepaea* die beobachteten Streifen entlang der Bänder bilden, warum sie sich aber bei *Arianta arbustorum* L. zu kompakten Haufen, den strohgelben Flecken, zusammenschließen. Wir nehmen an, daß die Kalkschichten aus einem Sekret hervorgehen, das vom Hautepithel ausgeschieden wird. In das flüssige Sekret werden die aus festem Pigment bestehenden Bandstreifen und gleichzeitig auch die Gasbläschen abgeschieden. Dem Gesetze der Adhäsion folgend, häufen sich nun die Gasbläschen an den in der Flüssigkeit, dem Kalksekret, vorhandenen, festen Bestandteilen, den Pigmentmassen der Bänder, an und bilden so an ihnen entlang opake, weiße Zonen. Sofern in ungebänderten Gehäusen Gasbläschen auftreten, was meist der Fall ist, aber nicht immer zu sein braucht, verteilen sie sich im allgemeinen diffus über die ganze Schale.

Nun gibt es aber Cepaeen, deren Bänder, nur als hyaline Streifen sichtbar, pigmentlos sind. Auch an diesen Streifen laufen die opaken Zonen entlang (Abb. 24, Taf. XVI). Sind die hyalinen Bänder pigmentlos, dann vermögen die Luftbläschen schwerlich dem Gesetze der Adhäsion zu folgen, denn es fehlt der feste Körper, an dem sie sich anlagern könnten. Auf welche Weise kommen aber dann die opaken Längsstreifen zustande?

A. v. HERWERDEN, auf dessen Untersuchungen wir oben verwiesen, glaubt, daß das Pigment aus der Einwirkung von Oxydasen auf Chromogene entstanden ist. Die Oxydasen denkt er in bestimmten Zonen, den Bandstreifen, lokalisiert. Wir sagten, daß die Gehäuse ungebändert sein müssen, wenn die Oxydasen fehlen oder wenig reichlich auftreten. Zum Nachweis von Oxydasen im Gewebe bediente sich HERWERDEN der Methode von RÖHMANN und SPITZER, bei welcher das zu untersuchende Objekt in eine Mischung von α-Naphthol und Dimethylparaphenylendiamin gelegt wird. Infolge des Aufbaues von Indophenol erscheinen die oxydasenhaltigen Stellen dunkelblau.

Ich legte ein Tier, dessen Schale das dritte Band als pigmentlosen, hyalinen Streifen zeigte wie das in Abb. 24, Taf. XVI abgebildete Gehäuse, nach Entfernung der Schale in das RÖHMANN-SPITZERsche Reagens. Auf der Lungendecke trat ein diffuser, dunkelblauer Fleck an der Stelle auf, an der bei braungebänderten Tieren der dunkelbraune Pigmentstreifen sichtbar ist.

Leider konnte ich das Experiment nicht wiederholen, da mir das geeignete Versuchsmaterial fehlte. Tiere, die Gehäuse mit hyalinen Bändern besitzen, sind meistens nicht sehr häufig. Auf Grund des Experimentes glaube ich aber die Vermutung aussprechen zu dürfen, daß das Versuchstier zwar Oxydasen in einer spezifischen Zone, an der Stelle des dritten Bandes, gebildet hatte, daß ihm aber die Chromogene fehlten. Die Entstehung seines Gehäuses ist wohl folgendermaßen zu denken: Während der Sekretion wurden auch Oxydasen in das Sekret ausgeschieden und zwar in der Zone des dritten Bandes. Die Dichte des Sekretes war darum in dieser Zone anders als außerhalb von ihr. Infolgedessen sammelten sich Gasbläschen, wiederum dem Gesetze der Adhäsion folgend, an den Stellen an, wo die flüssigen Medien von verschiedener Dichte aneinandergrenzten, also an den Rändern des dritten Bandes.

Ungeklärt bleibt nach den bisherigen Erörterungen allerdings, warum sich bei *Arianta arbustorum* L. die Gasbläschen gerade in einzelnen Haufen zusammenballen, obwohl doch auch hier ein Band vorhanden ist, dem sie sich anlagern könnten. Bedenken wir folgendes: Außer den Gasbläschen wird bei *Arianta arbustorum* L. in das Kalksekret noch ein festes, braunes Pigment von heller oder dunklerer Tönung abgeschieden, das nicht nur in der Zone eines Bandes oder mehrerer Bänder lokalisiert, sondern über die ganze Schalenfläche verteilt ist. Durch diese kompakten Pigmentmassen werden die Bläschen in ihrer Bewegungsfreiheit gehemmt; in dem durch die Pigmenteinlagerung zähflüssig gewordenen, homogenen Kalksekret bietet sich ihnen keine feste Masse als Ablagerungsobjekt; so ballen sie sich zu einzelnen Haufen zusammen, oder sie sammeln sich, wiederum dem Gesetze der Adhäsion folgend, am äußersten Schalenrande in größeren Mengen und bilden so die schmalen, opaken Zonen, die in der Richtung der Anwachsstreifen verlaufen und bei *Arianta arbustorum* L. gar nicht so selten zu finden sind.

Damit sind alle Einwände dargelegt worden, die möglicherweise gegen die obige Hypothese erhoben werden könnten, und es dürften somit die natürlichen Befunde durch die Annahme zurecht gedeutet sein, daß die Ablagerung der Gasbläschen in den Schneckenschalen unter dem Einflusse des Adhäsionsgesetzes erfolgt.

Mit der Erkenntnis, daß in die Gastropodenschalen Gasbläschen abgelagert werden können, ist zugleich auch eine Erklärung für die Intensität der Färbung in den Kalkschichten gegeben. Wir wissen, daß z. B. der kohlensäurehaltige Schaum einer roten Brauselimonade rosa, die Flüssigkeit selbst aber intensiv rot erscheint. Der Schaum ist undurchsichtig, die Flüssigkeit aber durchscheinend. Durch die Einlagerung von Gasbläschen also wird die Farbe jeder festen oder flüssigen Materie aufgehellt, die Materie dabei aber, sofern sie durchscheinend war, undurchsichtig gemacht. Diejenigen Kalkschalen werden darum am intensivsten gefärbt sein, die die wenigsten Luftbläschen enthalten; diejenigen Gehäuse werden am hellsten erscheinen, in denen die meisten Gasblasen abgelagert sind.

Ob überdies auch der rote bzw. gelbe Farbstoff selbst mehr oder minder massig in die Kalkschicht abgelagert wird, möchte ich bezweifeln. Es wäre zwar denkbar, aber die von mir untersuchten Schalen gaben hierfür keinerlei Anhalt. Immer gingen helle Färbung und massige Ablagerungen von Gasbläschen, sowie intensive Färbung und höchst spärliches Vorhandensein von Gasbläschen Hand in Hand.

Physiologische, sowie physiologisch-chemische Untersuchungen hätten im Anschluß hieran zu ergründen, um was für Gasabscheidungen es sich bei den Schnecken handelt und wie sie vor sich gehen. Im Rahmen der vorliegenden Arbeit würden die Untersuchungen zu weit führen. Es sei lediglich darauf hingewiesen, daß die Intensität der Gasbläschenabscheidung von äußeren Einflüssen abzuhängen scheint, wie Beobachtungen an *Cepaea nemoralis* L. und *Arianta arbustorum* L. vermuten lassen.

Das von Herrn Prof. Dr. Wo. Ostwald gesammelte, mir für meine Untersuchungen zur Verfügung stehende Cepaeen-Material stammte von einem sonnigen Bahndamm in Frankreich (Rhétel an der Aisne). Es war fast durchgängig stark gasbläschenhaltig. Ganz genau so waren Stücke beschaffen, die ich von einem sonnigen Wiesenhange bei Bad Wildungen (Waldeck) durch die Freundlichkeit meines Bruders Dr. H. Reichert und meines Vetters W. Hoefer erhielt. Besonders intensiv gefärbt und daher im allgemeinen weniger gasbläschenhaltig waren dagegen Gehäuse, die ich in einem Wäldchen am Bahnhofe von Lützschena nahe bei Leipzig sammelte. Hier waren aber die Tiere auch kaum einer intensiven und direkten Sonnenbestrahlung ausgesetzt. Von *Arianta arbustorum* L. waren diejenigen Schalen, die ich aus Steiermark (Graz) von Lokalitäten in etwa 1500 m Höhe durch die Güte meines Freundes Dr. W. TETZNER erhielt, und die hier der direkten Sonnenbestrahlung ausgesetzt gewesen waren, strohgelb und opak infolge zahlreicher, miteinander verschmolzener Flecke (Textabb. 13). Diejenigen Gehäuse aber, die ich im schattigen Leipziger Auenwalde sammelte, waren dunkelbraun, durchscheinend und besaßen wenig gelbe Flecke.

Auf Grund dieser Beobachtungen darf man zweifellos annehmen, daß die Intensität der Gasabscheidungen individuell modifizierbar ist, und so wäre auch die verschiedene Intensität der Kalkschichtenfärbung nicht erblicher Natur.

C. Schlußfolgerungen.

Nachdem im zweiten Teile der vorliegenden Arbeit ein Überblick über Schalenbau und Schalenbildung der Gehäuseschnecken im allgemeinen und über die spezifische Schalenfärbung der Cepaeen im besonderen gegeben worden ist, möge nunmehr auf Grund der gewonnenen Anschauung zu den Untersuchungen früherer Autoren, vornehmlich zu den Experimenten A. LANGs Stellung genommen werden.

1. Die Bandmutationen.

Einwandfrei geht wohl aus den Zuchtexperimenten LANGs die Erblichkeit der Bänderung und der Bänderlosigkeit hervor. Allerdings haben unsere Erörterungen gezeigt, daß die braune Bänderung wiederum erst durch zwei Faktoren bedingt wird, nämlich durch das Vorhandensein von Oxydasen und Chromogenen. Diese Tatsache steht zwar zu den Forschungsergebnissen LANGs in keiner Weise in Widerspruch, es erhebt sich aber die Frage, ob nicht die beiden Faktoren, die in Gemeinschaft Pigmentation bedingen, getrennt erblich sind, ob also statt des einen Gens, daß die Bildung brauner Pigmentbänder bedingt, nicht zwei verschiedene Gene wirksam sind, erstens ein Gen für Chromogenbildung und zweitens ein Gen für Oxydasenbildung. Von Albinos wäre wohl anzunehmen, daß sie homozygotisch chromogenfrei sind. Erneute Zuchtexperimente hätten hierüber Klarheit zu schaffen.

Weiterhin bedarf das Problem der Lippenfärbung einer eingehenden, experimentellen Klärung. Die Untersuchungen hätten zu zeigen, ob und welche genetische Beziehungen zwischen der Pigmentation der Bänder und der Pigmentation der Lippe bestehen. Aus LANGs Kreuzungsversuchen mit Albinos geht hervor, daß pigmentlose Bänder immer in Gemeinschaft mit einer weißen, pigmentlosen Lippe vorkommen. Außerdem ergaben LANGs Kreuzungen von *Cepaea hortensis* MÜLL. mit *Cepaea nemoralis* L., auf die im Rahmen dieser Arbeit nicht näher eingegangen werden konnte, daß die braune Färbung von *nemoralis* über die weiße Färbung von *hortensis* dominiert. Interessant wäre das

Ergebnis der Kreuzungen dunkelgebänderter, braunlippiger *nemoralis*-Formen mit dunkelgebänderten, weißlippigen *nemoralis*-Formen oder dunkelgebänderter weißlippiger *hortensis*-Formen mit dunkelgebänderten, braunlippigen *hortensis*-Formen.

Daß auch die spezifischen Bänderformeln, die keine Bandverschmelzungen zeigen, erblich sind, ist nach LANGs Experimenten sehr wohl glaubhaft. Ob es vorteilhaft ist, das Auftreten der Bänder mit dem Fehlen spezifischer, positiver Hemmungsgene und das Fehlen der Bänder mit dem Vorhandensein dieser Hemmungsgene zu erklären, darüber kann man geteilter Meinung sein. Schließlich ist ja die Trennung zweier Allelomorphe in „ein positives und ein negatives Merkmal" oder in „eine vorhandene und eine fehlende Fähigkeit" nicht völlig korrekt. Denn wie in den letzten Jahren gezeigt worden ist, können auch mehr als zwei verschiedene Faktoren existieren, die sich zueinander wie Allelomorphe verhalten. So gehören z. B. zur withe-Serie von *Drosophila melanogaster* zehn verschiedene Allelomorphen. Dann stehen sich aber, wie TH. H. MORGAN betont, das normale Allelomorph (Wildform) und seine Mutationspartner nicht entsprechend Vorhandensein und Fehlen gegenüber, „sondern sie stellen vielmehr Modifikationen[1] einer und derselben Einheit in der Erbmasse dar; denn wörtlich genommen, ist nur ein Fehlen denkbar, während bei *Drosophila* in einer Serie neumal ein solches ‚Fehlen' vorkommt."

Ob auch die spezifische Bandverschmelzung erblich ist, wie LANG behauptet, wage ich nicht zu entscheiden. Wenn man die einschlägigen Versuchsberichte LANGs daraufhin nachprüft, so liegt allerdings keine Veranlassung vor, eine solche Erblichkeit anzunehmen. Auch die fluktuierende Variabilität der Bänderbreiten, wie sie aus dem Schema in B 5 a ersichtlich ist, läßt mir die Erblichkeit der Bänderverschmelzungen wenig glaubhaft erscheinen. Systematisch durchgeführte Zuchtexperimente hätten auch hier Klarheit zu schaffen.

2. Grundfarbenmutationen.

Durch die Analyse der Gehäusegrundfärbung in B 5 c haben wir den gesamten, großen Komplex verschieden gefärbter Cepaeen auf drei einheitliche Gruppen zurückgeführt:

Gruppe I: Gehäuse mit positivem Rotfaktor.
Gruppe II: Gehäuse mit positivem Gelbfaktor.
Gruppe III: Gehäuse ohne positiven Färbungsfaktor.

Ihnen allein kommt vermutlich erblicher Charakter zu. Denn da die Beschaffenheit des Periostracums und die Intensität der Kalk-

---

[1] Besser hieße es wohl „Abänderungen", da das Wort Modifikation in der Genetik eine ganz spezifische Bedeutung hat.

schichtenfärbung lediglich von äußeren Einflüssen abzuhängen scheint, darf man annehmen, daß die Varianten innerhalb der einzelnen Gruppen Modifikationserscheinungen sind.

Wenn also A. LANG glaubt, den erblichen Charakter der verschiedensten Farbennuancierungen nachgewiesen zu haben, so muß uns diese Behauptung nach den angestellten Untersuchungen doch zweifelhaft erscheinen, und wir fragen uns, ob LANG nicht durch Zufälligkeiten getäuscht worden ist. Er gibt keine genauen Beschreibungen der einschlägigen Experimente, an Hand deren man sie nachprüfen könnte. Sehr schön zeigen z. B. die in den Abb. 17—18 und 25—26, Taf. XVI abgebildeten Gehäuse, daß die äußerlich sichtbare Schalengrundfarbe kein einheitlicher Faktor ist, sondern sich aus ganz verschiedenartigen, voneinander durchaus unabhängigen Elementen zusammensetzt. Neue Zuchtexperimente dürften auch in diesem Falle notwendig sein. Interessant wäre es, dabei zu zeigen, welches Ergebnis die folgenden drei Kreuzungen liefern:

Gruppe I × Gruppe II,
Gruppe I × Gruppe III,
Gruppe II × Gruppe III.

3. Die var. tricolor von V. Franz.

Das Ergebnis unserer Untersuchungen ermöglicht weiterhin, auch die spezifische Beschaffenheit der von V. FRANZ aufgestellten *var. tricolor* von *Cepaea nemoralis* L. auf einfache und natürliche Weise zu erklären. Beachten wir nur das folgende: Die *nova varietas* ist auf der ganzen unteren Hälfte des letzten Umganges wesentlich heller als auf der oberen. Band 1 und 2 fehlen, Band 3 kann vorhandensein oder fehlen, Band 4 und 5 sind stets ausgebildet. Die rötlichen Stücke erscheinen auf der unteren Seite vielfach nicht nur heller, sondern zugleich intensiver gelb bis rein gelb, daher der Name *tricolor* (vgl. Abb. 27, Taf. XVI). Entfernt man jedoch von einer solchen rötlichen *tricolor*-Varietät mit Hilfe von etwas Kalilauge das Periostracum, so entkleidet man sie damit auch ihrer eigentlichen Dreifarbigkeit; denn das Gehäuse weist jetzt auch nicht die mindeste Gelbfärbung mehr auf (Abb. 28, Taf. XVI). Diese war lediglich durch das gelbe Periostracum bedingt. Unter ihm befand sich auf der Unterseite der gebänderte Teil der Kalkschichten, in dem sich, wie für uns verständlich, auch die größte Masse der Gasbläschen, dem Gesetze der Adhäsion folgend, angehäuft hatte und dort die hellere bis fast weiße Farbe bedingte. FRANZ selbst beobachtete hier Opacität. Dem oberen Teile fehlten die Bänder, mithin fehlte auch die Masse der Gasbläschen; er zeigte intensive Färbung und war hyalin. Wir haben keine Veranlassung, mit FRANZ anzunehmen, daß die *var. tricolor* nicht „mendeln", sondern „pendeln" werde. Voraussichtlich tut sie keines von beidem. Die scharf ausgeprägte, charakteristische Dreifarbigkeit dürfte lediglich durch die besonderen Milieubedingungen verursacht, also modifiziert und nicht erblicher Natur sein. Denn alle Cepaeen mit der Bänderformel 00345, 003̂45, 003̂4̂5, 00045, 0004̂5 zeigen eine gewisse, wenn auch meist geringe Neigung zur *tricolor*-Bildung. Zur Ausbildung einer deutlichen Dreifarbigkeit kommt es jedoch erst dann, wenn die Gasbläschen infolge bestimmter Milieuverhältnisse in einer ganz bestimmten Quantität auftreten, wie eben in den von V. FRANZ gefundenen Stücken.

Die *var. tricolor* wäre demzufolge eine Bänderungsvariante von *Cepaea nemoralis* L. wie jede andere auch; und nur als solche wird sie vermutlich erblichen Charakter besitzen. Eine bloße Modifikationserscheinung aber mit besonderem Namen zu belegen, erscheint mir durchaus überflüssig; ich halte darum die Einziehung der *var. tricolor* für erforderlich.

4. Heterochrome Gehäuse.

Im Anschluß an die *var. tricolor* möge darauf hingewiesen werden, daß der rote und gelbe Farbstoff niemals gemeinsam in den Kalkschichten desselben Gehäuses auftreten. Die Kalkschichten sind entweder nur gelb oder nur rot gefärbt oder farblos. Dadurch, daß bei manchen Exemplaren die apikalen und angrenzenden Windungen nur wenig Gasbläschen enthalten und, sofern es sich um Gehäuse der Gruppe I handelt, infolgedessen intensiv rot gefärbt erscheinen, daß weiterhin aber der letzte Umgang große Mengen von Gasbläschen enthält und durch das überlagernde, gelbe Periostracum nunmehr gelb erscheint, hat man den Eindruck, als handele es sich um Gehäuse mit Doppelfärbung. Derselbe Eindruck wird hervorgerufen, wenn wiederum bei einer Form der Gruppe I die apikalen und angrenzenden Windungen reich an Gasbläschen sind, der letzte Umgang dagegen arm. In diesem Falle erscheint der Apex gelb und der letzte Umgang rot, also wieder scheinbare Doppelfärbung. Es liegt jedoch nur eine Täuschung vor, die durch Entfernung des Periostracums mit Hilfe von Kalilauge leicht behoben werden kann. Einer solchen Täuschung ist wohl auch A. LANG zum Opfer gefallen, wenn er von ungebänderten, ,,heterochromen" oder ,,dichromen" Gehäusen spricht, ,,bei denen der Apex und die sich daran anschließenden ersten Windungen gelb sind, die gelbe Farbe aber sodann auf den weiteren Umgängen ganz allmählich braun oder rot wird."

Einigermaßen verwundern muß uns allerdings LANGS Behauptung, er habe nachgewiesen, ,,daß solche dichrome Gehäuse durch Hybridation von gelben Formen mit braunen oder roten entstehen können."

Wenn durch Hybridation gelber und roter Formen ,,dichrome" Gehäuse im Sinne LANGS entstehen könnten, müßte auch in ihren

Kalkschichten gelber wie roter Farbstoff zu finden sein. Man kann in der Natur sehr häufig gelbe und rote Formen in Kopulation antreffen. Es ist also anzunehmen, daß die Hybriden Gelb × Rot gar nicht so selten sind, und daß sich unter ihnen neben den normalerweise rot gefärbten auch „dichrome" Gehäuse befinden. Ich habe während meiner Untersuchungen mehrere tausend Cepaeen unter den Händen gehabt; unter ihnen befanden sich etliche hundert „dichrome" Gehäuse von mehr oder minder prägnanter Prägung. Bei sämtlichen erwies sich die Doppelfärbung als Täuschung. Ich glaube nicht zu weit zu gehen, wenn ich eine experimentelle Nachprüfung des strittigen Problems für angebracht erachte.

5. Die Cepaea-Populationen.

Wenn man sich nunmehr fragt, in welcher Weise die zahlreichen Varianten von *Cepaea* auf die einzelnen und innerhalb der einzelnen Populationen verteilt sind, so ist es schwer, auf diese Frage eine allgemein befriedigende Antwort zu geben.

Denn je nachdem, wie die Ausgangstiere genetisch beschaffen waren, von denen sich eine bestimmte Population ableitet, je nachdem, ob der Population im Laufe ihres Bestehens neue Formen von außen zugeführt wurden, ist natürlich die jeweilige Zusammensetzung dieser Population verschieden.

Die Literatur über *Cepaea* weist eine unendliche Fülle variationsstatistischer Zusammenstellungen auf. Ich selbst könnte auf Grund meiner Sammeltätigkeit eine größere Anzahl von Tabellen beifügen, die die Zusammensetzung außerordentlich verschiedenartig gestalteter *Cepaea*-Populationen wiedergeben. Aber alle diese Bestandaufnahmen sagen uns nichts, solange nicht die genetischen Verhältnisse der Gattung *Cepaea* einwandfrei geklärt sind. Diese Aufgabe jedoch vermag allein das Zuchtexperiment zu lösen.

Mit den vorliegenden Erörterungen dürfte eine klare Zielsetzung für derartige erneute, erbanalytische Experimente gegeben sein. Die Ausführung dieser Experimente muß allerdings einer späteren Arbeit vorbehalten bleiben, da Zuchtversuche mit Cepaeen lange Zeit in Anspruch nehmen. Aufgabe dieser Untersuchungen wäre es auch, die Richtigkeit dessen nachzuprüfen, was im Rahmen der vorliegenden Arbeit nur in Form von Hypothesen und Vermutungen angedeutet werden konnte.

Literaturverzeichnis.

1. **Arndt, C.:** Über Vererbung der Bindenvarietäten bei *Helix nemoralis* L. Arch. d. Ver. d. Freunde d. Naturgesch. Mecklenburgs 29. Jg. 1875; 31. Jg. 1877. — 2. **Barfurth, D.:** Über den Bau und die Tätigkeit der Gastropodenleber. Arch. f. mikroskop. Anat. **22.** 1883. — 3. **Baudelot, E.:** Expériences sur la reproduction

de diverses variétés de l'*Helix nemoralis*. Bull. de la soc. des sciences nat. Strasbourg, 2 Année. — 4. **Beck, K.**: Anatomie deutscher *Buliminus*-Arten. Jenaische Zeitschr. f. Naturwiss. **48**, N. F. **41**, H. 2. 1912. — 5. **Biedermann, W.**: Physiologie der Stütz- und Skelettsubstanzen. H. Winterstein, Handb. d. vergl. Physiol. **3**, 1. Jena 1911. — 6. Ders.: Untersuchungen über Bau und Entstehung der Molluskenschalen. Jenaische Zeitschr. f. Naturwiss. **36**. 1901. — 7. Ders.: Über die Bedeutung von Kristallisationsprozessen bei der Bildung der Skelette wirbelloser Tiere, namentlich der Molluskenschalen. Zeitschr. f. allgem. Physiol. **1**. 1902. — 8. **Boettger, C. R.**: Ein Beitrag zur Erforschung der europäischen Heliciden. Nachrichtsbl. d. dtsch. Malak.-Ges. 41. Jg., H. 1. — 9. Ders.: Über freilebende Hybriden der Landschnecken *Cepaea nemoralis* L. und *Cepaea hortensis* Müll. Zool. Jahrb., Abt. f. Syst., Geogr. u. Biol. d. Tiere **44**. Jena 1922. — 10. **Brockmeier, H.**: Zur Fortpflanzung von *Helix nemoralis* und *Helix hortensis* nach Beobachtungen in der Gefangenschaft. Nachrichtsbl. d. dtsch. Malak.-Ges. 20. Jg. 1888. — 11. **Flössner, W.**: Die Schalenstruktur von *Helix pomatia*. Zeitschr. f. wiss. Zool. **113**. 1915. — 12. **Franz, V.**: Zur Farben- und Bändervariabilität von *Tachea nemoralis* L. Zool. Anz. **48**, Nr. 10. — 13. **Hartwig, W.**: Zur Fortpflanzung einiger Landschnecken, *Helix lactea* L. und *H. nemoralis* L. Zool. Garten 29. Jg. Nr. 5. — 14. **Herwerden, A. v.**: Oxydasen bei der Bildung von Schneckenbändern. Biol. Zentralbl. **43**, H. 2. — 15. **Lang, A.**: Die experimentelle Vererbungslehre in der Zoologie seit 1900. Erste Hälfte. Jena 1914. — 16. Ders.: Über Vorversuche zu Untersuchungen über die Varietätenbildung von *Helix hortensis* Müller und *Helix nemoralis* L. Denkschr. d. med.-nat. Ges. z. Jena **11**. Festschr. z. 70. Geburtstage von Ernst Haeckel, Jena 1904. — 17. Ders.: Über die Mendelschen Gesetze, Art- und Varietätenbildung, Mutation und Variation, insbesondere bei unseren Hain- und Gartenschnecken. Verhandl. d. schweiz. naturforsch. Ges. in Luzern. 1906. — 18. Ders.: Über die Bastarde von *Helix hortensis* Müll. u. *Helix nemoralis* L. Jena 1908. — 19. Ders.: Über Vererbungsversuche. Verhandl. d. dtsch. zool. Ges. 1909. — 20. Ders.: Fortgesetzte Vererbungsstudien. Zeitschr. f. indukt. Abstammungs- u. Vererbungslehre **5**. 1911. — 21. **Hirsch, G. Chr.**: Die Ernährungsbiologie fleichfressender Gastropoden. Zool. Jahrb., Abt. f. allg. Zool. u. Physiol. **36**. 1919. — 22. **Sauveur, J.**: Du classement des variétés de l'*Helix nemoralis* L. et de l'*Helix hortensis* Müll., d'après l'observation des bandes de la coquille. — 23. **Schmidt, W. J.**: Die Bausteine des Tierkörpers in polarisiertem Lichte. Bonn 1924. — 24. **Seibert, H.**: Über das Verhalten der Bändervarietäten von *Helix hortensis* und *Helix nemoralis* bei der Fortpflanzung. Nachrichtsbl. d. dtsch. Malak.-Ges. 8. Jg. — 25. **Stempell**: Über die Bildungsweise und Wachstum der Muschel- und Schneckenschalen. Biol. Zentralbl. 1900.

Erklärungen der Abkürzungen in den Abbildungen der Tafel XV.

Per., Periostracum;
G, Schicht mit Gitterstruktur;
P, Schicht mit palisadenartiger Struktur;
K, körnige Einlagerungen (opake Zonen);
Ks., Partien mit Kalkspeicherung;
l., Partien ohne Kalkspeicherung;
Pi., Pigmentstreifen (Bänderung);
Ka., kalkhaltige Zellen.

Tafelerklärung.
Tafel XV.

Abb. 1. *Cepaea nemoralis* L., Schliff durch den nach außen gelegenen Teil des letzten Gehäuseumganges; parallel zu den Anwachsstreifen. Vergr. 35fach.

Abb. 2. *Buliminus detritus* MÜLL., Schliff durch den nach außen gelegenen Teil des letzten Gehäuseumganges; senkrecht zu den Anwachsstreifen. Vergr. 35fach.

Abb. 3. *Arianta arbustorum* L., Schliff durch den nach außen gelegenen Teil des letzten Gehäuseumganges; senkrecht zu den Anwachsstreifen. Vergr. 35fach.

Abb. 4. *Cepaea nemoralis* L., Schliff durch den nach außen gelegenen Teil des letzten Gehäuseumganges; parallel zu den Anwachsstreifen. Vergr. 35fach.

Abb. 5. *Cepaea nemoralis* L., Schliff wie in Abb. 4.

Abb. 6. *Cepaea nemoralis* L., Juvenalisform, Schliff wie in Abb. 4.

Abb. 7. *Cepaea nemoralis* L., Schliff durch den nach außen gelegenen Teil des letzten Gehäuseumganges; parallel zu den Anwachsstreifen. Bänderungsvariante 12345. Vergr. 10fach.

Abb. 8. Schliff wie in Abb. 7. Bänderungsvariante 1̄2̄3̄45.

Abb. 9. *Cepaea nemoralis* L., Teilstück eines Schliffes durch den Lippenwulst; senkrecht zu den Anwachsstreifen. Vergr. 35fach.

Abb. 10. *Cepaea hortensis* MÜLL., Schnitt durch den Eingeweidesack. Fixation 70% Alkohol. Färbung Purpurin. Vergr. 10fach.

Abb. 11. *Cepaea hortensis* MÜLL., Tier ohne Schale. Vergr. 3fach.

Abb. 12. *Arianta arbustorum* L., Schnitt durch die Lungendecke. Fixation ZENKER. Färbung Hämatoxylin Del., Eosin. Vergr. 116fach.

Abb. 13. *Cepaea hortensis* MÜLL., Schnitt durch den Eingeweidesack. Fixation Sublimat (nur mit Alkohol ohne Jodzusatz ausgewaschen). Färbung Hämatoxylin Del., Eosin. Vergr. 390fach.

Abb. 14. *Arianta arbustorum* L., Objekt wie in Abb. 12. Vergr. 390fach.

Abb. 15. *Arianta arbustorum* L., Schnitt durch die Lungendecke. Fixation Formol-Alkohol-Eisessig. Färbung Hämatoxylin Del., Eosin. Vergr. 390fach.

Abb. 16. *Cepaea hortensis* MÜLL., Schnitt durch die Lungendecke. Fixation Formol-Alkohol-Eisessig. Färbung Hämatoxylin Del., Eosin. Vergr. 390fach.

Tafel XVI.

Die Abb. 17—28 beziehen sich auf *Cepaea nemoralis* L. Vergr. 2fach mit Ausnahme von Abb. 23—24.

Abb. 17—18. 00300, Gruppe I, Abb. 17. Gehäuse mit Periostracum; Abb. 18. Gehäuse ohne Periostracum.

Abb. 19—20. 00300, Gruppe II, Abb. 19. Gehäuse mit Periostracum; Abb.20. Gehäuse ohne Periostracum.

Abb. 21—22. 00000, Gruppe III, Abb. 21. Gehäuse mit Periostracum; Abb. 22. Gehäuse ohne Periostracum.

Abb. 23. 12300, Gruppe I. Vergr. 3fach.

Abb. 24. 00300 (Bandalbino), Gruppe II. Vergr. 3fach.

Abb. 25—26. 00000, Gruppe I, Abb. 25. Gehäuse mit dunklem Periostracum; Abb. 26. Gehäuse ohne Periostracum.

Abb. 27—28. 00345, Gruppe I, „var. tricolor". Abb. 27. Gehäuse mit Periostracum; Abb. 28. Gehäuse ohne Periostracum.

Tafel XVII.

Cepaea nemoralis L., schematische Darstellung eines Gehäusedurchschnittes. rot = Periostracum; schwarz = palisadenartig strukturierte Schicht; grün = Schicht mit Gitterstruktur; gelb = sekundär abgelagerte Schicht.

Lebenslauf.

Ich, Otto Walther Reichert, wurde am 16. März 1902 in Leipzig-Gohlis als dritter Sohn des Lehrers Otto Reichert geboren. Meine Jugend verlebte ich im Elternhause. Von Ostern 1908 an besuchte ich die ersten vier Schuljahre die IV. Höhere Bürgerschule in Leipzig-Gohlis und anschließend von 1912 an das König-Albert-Gymnasium in Leipzig, an dem ich Ostern 1921 die Reifeprüfung bestand. Vom Sommersemester 1921 bis einschließlich Wintersemester 1926/27 studierte ich an der Universität Leipzig Naturwissenschaften. Ende des Wintersemesters 1925/26 legte ich die Prüfung für das Lehramt an höheren Schulen vor der wissenschaftlichen Prüfungskommission in Leipzig ab und erhielt die Lehrbefähigung für die erste Stufe in Zoologie, Botanik und Mineralogie mit Geologie zuerkannt. Von Ostern 1926 bis Ostern 1927 unterzog ich mich als Studienreferendar dem Vorbereitungsdienst an der II. Höheren Schule für Mädchen mit Studienanstalten in Leipzig. Ostern 1927 wurde mir vom Sächsischen Ministerium für Volksbildung die Anstellungsfähigkeit im sächsischen höheren Schuldienste zuerkannt. Seit Ostern 1927 bin ich an der II. Höheren Schule für Mädchen mit Studienanstalten in Leipzig als voll beschäftigter Aushilfslehrer (Studienassessor) tätig.

W. Reichert, Gartenschnecke.

Tafel XV.

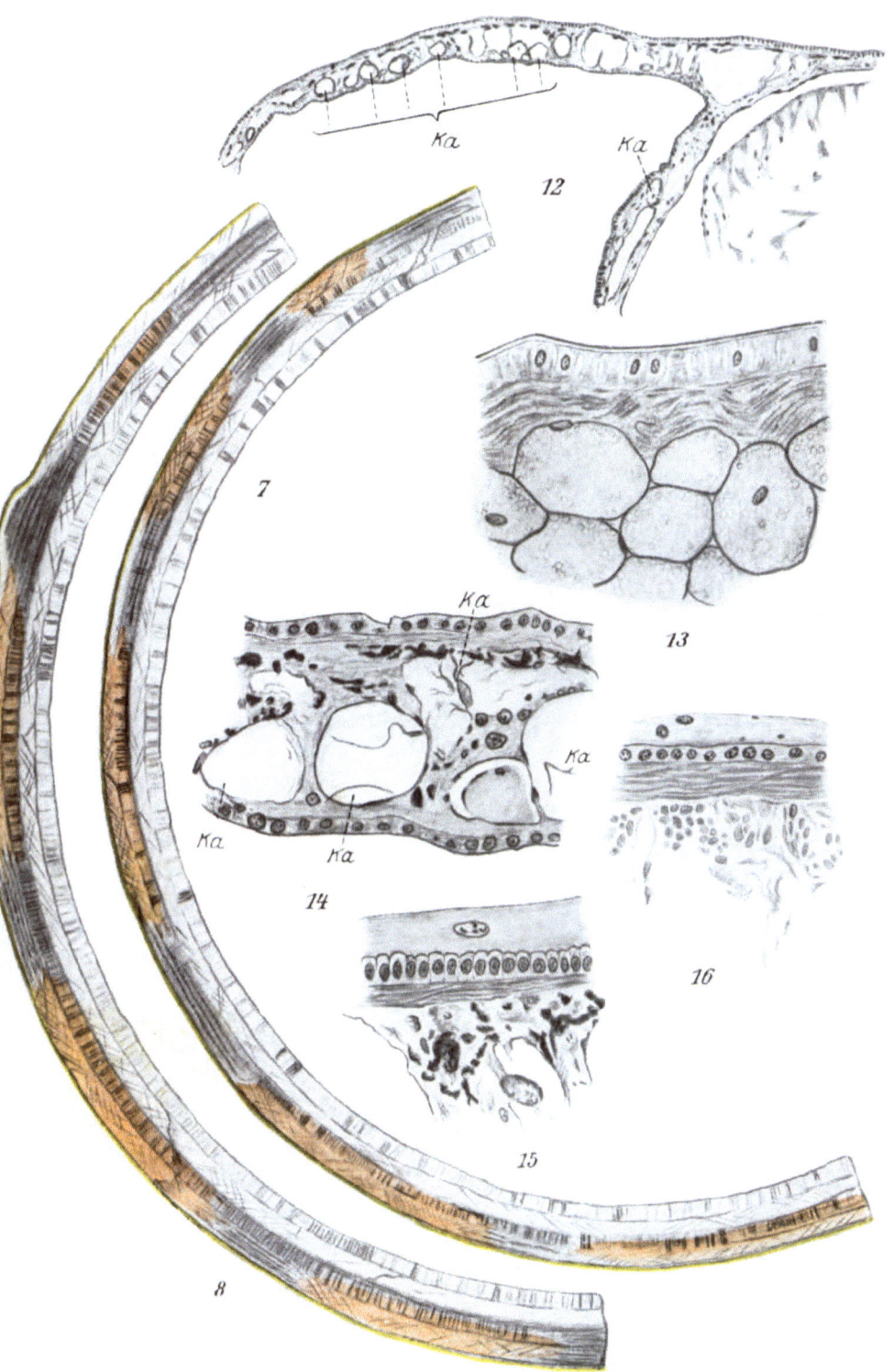

Verlag von Julius Springer in Berlin.

Z. f. Morphol. u. Ökol. d. Tiere. Bd. 11. Tafel XVI.

W. Reichert, Gartenschnecke. Verlag von Julius Springer in Berlin.

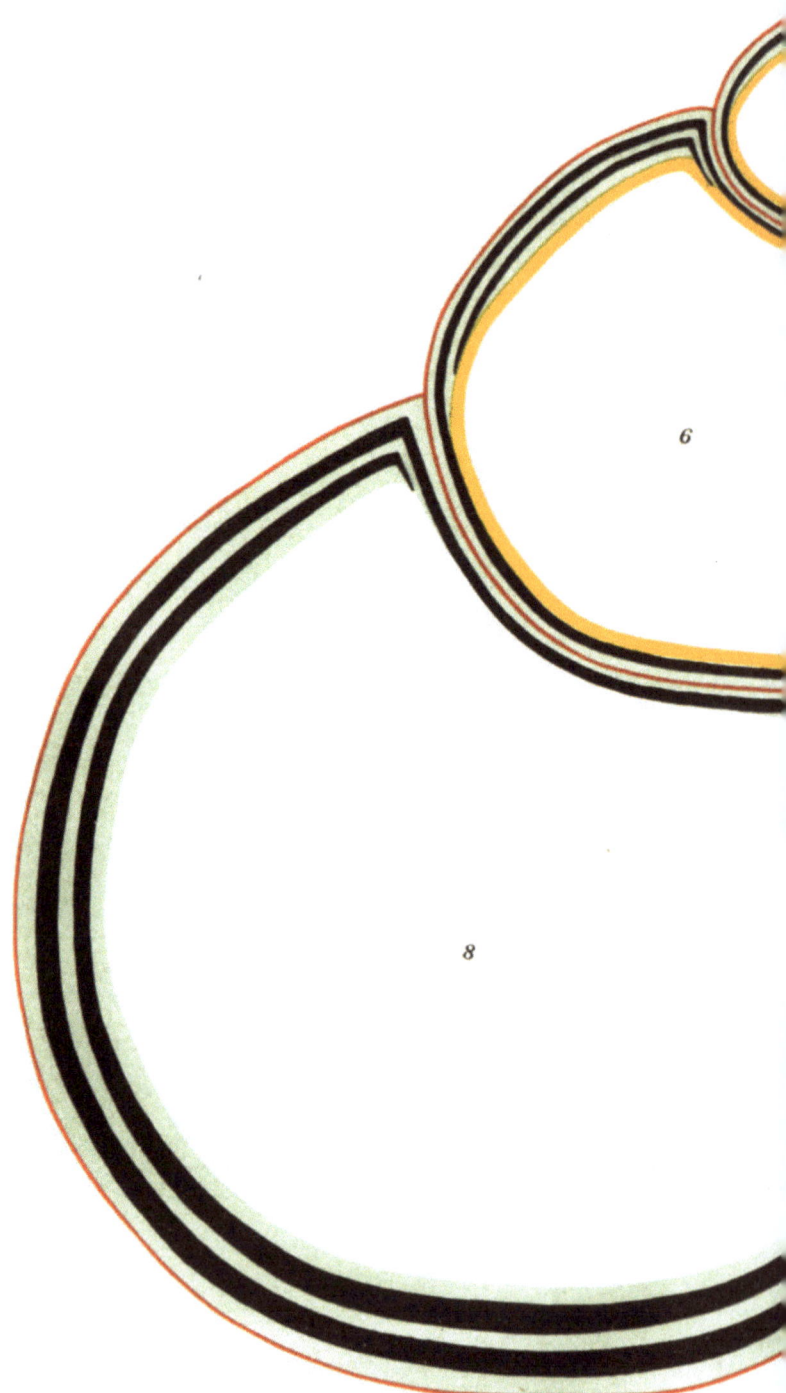

Tafel XVII.

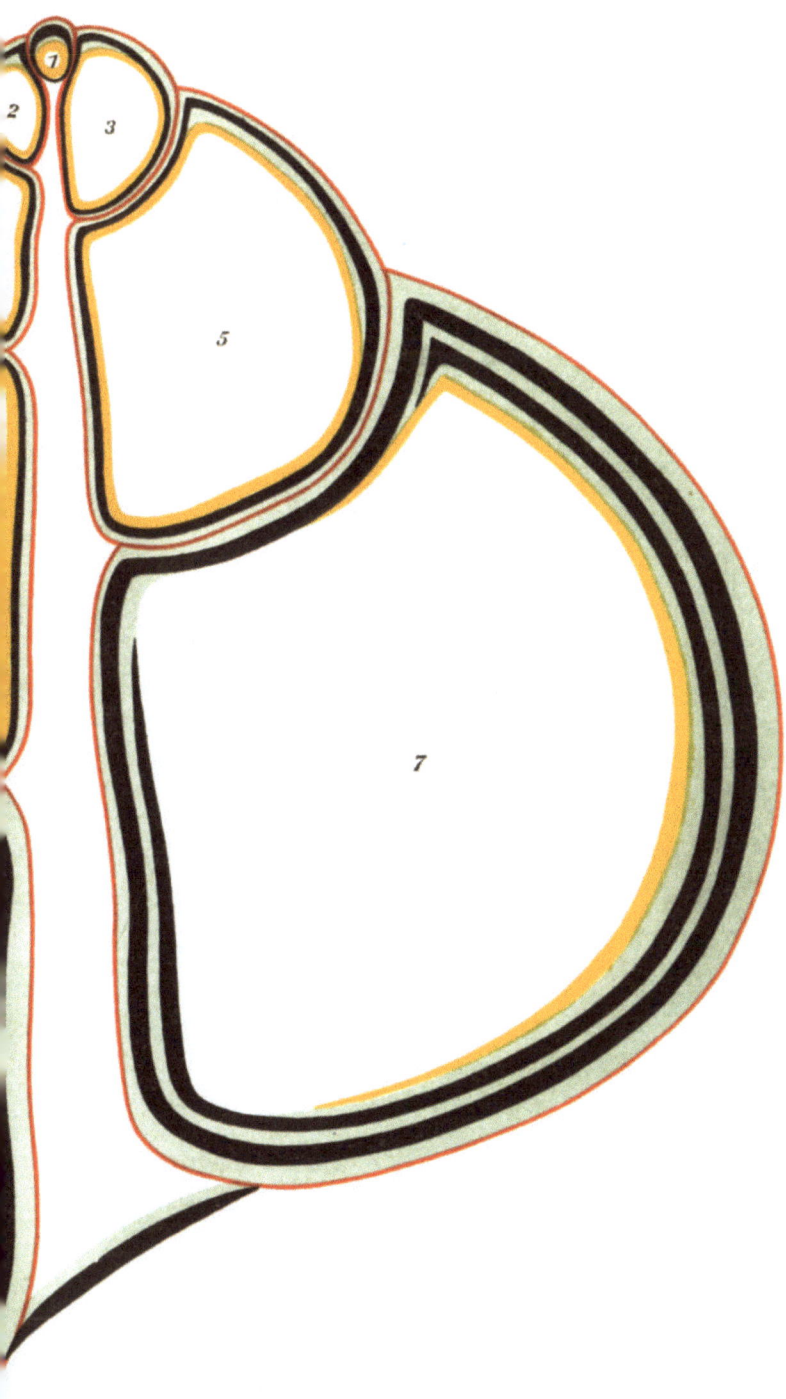

If you have any concerns about our products,
you can contact us on
ProductSafety@springernature.com

In case Publisher is established outside the EU,
the EU authorized representative is:
**Springer Nature Customer Service Center GmbH
Europaplatz 3, 69115 Heidelberg, Germany**

Printed by Libri Plureos GmbH
in Hamburg, Germany